# AI绘画商业案例

## 应用大全

焕熊 著

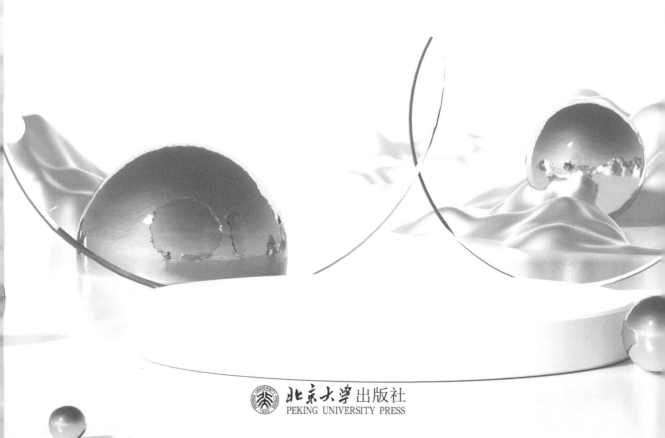

北京大学出版社
PEKING UNIVERSITY PRESS

## 内 容 提 要

本书结合案例详细介绍了AI绘画技术在各领域的应用，旨在让读者深入了解AI绘画技术应用的多样性，真正做到让AI绘画赋能你我他。

本书共10章，涵盖的主要内容有AI绘画概述、AI绘画在插画领域的应用、AI绘画在营销领域的应用、AI绘画在产品设计领域的应用、AI绘画在摄影领域的应用、AI绘画在建筑领域的应用、AI绘画在电影领域的应用、AI绘画在网站和社交软件领域的应用、AI绘画在游戏领域的应用，以及AI绘画的展望与挑战。

本书内容通俗易懂，案例丰富，实用性强，特别适合AI绘画初学者阅读，同时也适合需要应用AI绘画的各行各业从业者阅读。

**图书在版编目(CIP)数据**

AI绘画商业案例应用大全 / 焕熊著. –– 北京：北京大学出版社, 2024. 10. –– ISBN 978-7-301-35566-4

Ⅰ. TP391.413

中国国家版本馆CIP数据核字第20243EX808号

| | |
|---|---|
| 书 名 | AI绘画商业案例应用大全 |
| | AI HUIHUA SHANGYE ANLI YINGYONG DAQUAN |
| 著作责任者 | 焕 熊 著 |
| 责任编辑 | 王继伟 刘 倩 |
| 标准书号 | ISBN 978-7-301-35566-4 |
| 出版发行 | 北京大学出版社 |
| 地 址 | 北京市海淀区成府路205号 100871 |
| 网 址 | http://www.pup.cn 新浪微博:@北京大学出版社 |
| 电子邮箱 | 编辑部 pup7@pup.cn 总编室 zpup@pup.cn |
| 电 话 | 邮购部 010-62752015 发行部 010-62750672 编辑部 010-62570390 |
| 印 刷 者 | 北京宏伟双华印刷有限公司 |
| 经 销 者 | 新华书店 |
| | 787毫米×1092毫米 16开本 16.5印张 425千字 |
| | 2024年10月第1版 2024年10月第1次印刷 |
| 印 数 | 1–4000册 |
| 定 价 | 119.00元 |

## ◎ AI 绘画技术的作用

AI 绘画技术作为一种新兴的艺术表现形式,正以前所未有的速度重塑我们对艺术设计的认知和制作方式。它不仅极大地拓展了艺术设计的边界,还为我们开启了无限创意与可能性的大门。

AI 绘画技术打破了传统艺术设计的局限,使得艺术设计不再是少数人的专属领地,而成为每个人都能轻松参与和享受的活动。借助 AI 绘画,我们能够轻松地创作出独一无二的艺术与设计作品,尽情表达内心的情感与思想。这种艺术设计创作的民主化,无疑将极大地推动艺术设计领域的繁荣与发展。

## ◎ 笔者的使用体会

作为一名美术从业者,我深切地体会到了 AI 绘画的潜力与魅力。初次使用 AI 绘画工具时,我对其如何将简单的指令迅速转化为充满艺术韵味的作品感到惊叹不已。通过不断调整参数、尝试不同的风格,我逐渐掌握了 AI 绘画的技巧,并成功创作出一系列令人满意的作品。这一过程让我深刻感受到了技术与艺术设计的完美融合,以及 AI 绘画所带来的无限创意空间。

随着 AI 绘画技术逐渐融入我的美术设计工作中,我愈发感受到这一变革对创作过程的深远影响。AI 绘画极大地提高了我的工作效率。在过去,完成一幅设计稿可能需要我花费大量时间进行手绘、修改与调整。而现在,只需输入简单的指令,AI 绘画工具便能迅速生成符合需求的设计初稿,为我节省了大量的时间与精力,使我能够更专注于创作的核心部分。同时,当我在创作过程中遭遇灵感瓶颈时,AI 绘画工具凭借其强大的算法与学习能力,总能为我提供源源不断的创意灵感。它不仅能够精准模仿各种艺术风格,还能根据我的需求进行个性化创作,极大地丰富了我的创作素材库。

## ◎ 本书读者对象

◎ AI 绘画初学者

◎ 对 AI 绘画有应用需求的行业从业者

◎ AI 绘画技术行业的设计师和艺术创作者

## ◎ 致谢

感谢 Shy（盖哥）对我的悉心指导，从而让我有了这本书的整体构想。另外，我也非常感谢我的爱人，作为我的第一位读者，她为我提供了许多宝贵的意见和建议。

读者在阅读本书的过程中如遇到任何问题，可以通过邮件与我联系。我的常用电子邮箱是576294859@qq.com。

### 温馨提示

本书附赠资源读者可用微信扫描封底二维码，关注"博雅读书社"微信公众号，并输入本书 77 页资源下载码，根据提示获取。

目
录
CONTENTS

01 CHAPTER
## 第 1 章
## AI 绘画概述

1.1 AI 绘画及前景 002

1.2 AI 绘画原理 002

1.2.1 机器学习 002

1.2.2 生成对抗网络 003

1.2.3 数据集 003

1.3 AI 绘画工具 003

1.3.1 Midjourney 003

1.3.2 Stable Diffusion 021

02 CHAPTER
## 第 2 章
## AI 绘画在插画领域的应用

2.1 书籍插画 024

2.1.1 AI 书籍插画通用魔法公式 024

2.1.2 AI 书籍插画效果展示 025

2.1.3 儿童绘本插图设计案例 034

2.1.4 总结及展望 039

2.2 漫画 039

2.2.1 AI 漫画通用魔法公式 039

2.2.2 AI 漫画效果展示 040

2.2.3 校园漫画设计案例 048

2.2.4 总结及展望 053

2.3 包装插画 053

2.3.1 AI 包装插画通用魔法公式 053

2.3.2 AI 包装插画效果展示 053

2.3.3 包装插画设计案例 059

2.3.4 总结及展望 063

2.4 结束语 063

03 CHAPTER
## 第 3 章
## AI 绘画在营销领域的应用

3.1 海报设计 065

3.1.1 AI 海报设计通用魔法公式 065

3.1.2 AI 海报设计效果展示 066

3.1.3 电影海报设计案例 073

3.1.4 总结及展望 077

3.2 品牌 Logo 设计 077

3.2.1 AI 品牌 Logo 设计通用魔法公式 077

3.2.2 AI 品牌 Logo 设计展示 077

3.2.3 网站 Logo 设计案例 082

3.3 结束语 085

04 CHAPTER
## 第 4 章
## AI 绘画在产品设计领域的应用

4.1 服装设计 087

4.1.1 AI 服装设计通用魔法公式 088

4.1.2 AI 服装产品效果展示 088

4.1.3 儿童服装设计案例 092

4.1.4 总结及展望 095

4.2 鞋品设计 095

4.2.1 AI 鞋品设计通用魔法公式 095

4.2.2 AI 鞋品效果展示 095

4.2.3 老年运动鞋设计案例 100

4.2.4 总结及展望 102

4.3 饰品设计 102

4.3.1 AI 饰品设计通用魔法公式 103

4.3.2 AI 饰品效果展示 103

4.3.3 男性商务帽子设计案例 109

# 目录
CONTENTS

4.3.4　总结及展望　112

## 4.4　家具设计　112

4.4.1　AI 家具设计通用魔法公式　112
4.4.2　AI 家具产品效果展示　113
4.4.3　美式厨房设计案例　117
4.4.4　总结及展望　119

## 4.5　电子产品设计　119

4.5.1　AI 电子产品设计通用魔法公式　120
4.5.2　AI 电子产品效果展示　120
4.5.3　蓝牙耳机设计案例　126
4.5.4　总结及展望　128

## 4.6　结束语　129

## 05 第 5 章
CHAPTER AI 绘画在摄影领域的应用

## 5.1　电商摄影　131

5.1.1　AI 电商摄影通用魔法公式　131
5.1.2　AI 电商摄影效果展示　132
5.1.3　钻石戒指设计案例　135
5.1.4　总结及展望　138

## 5.2　人物摄影　138

5.2.1　AI 人物摄影通用魔法公式　138
5.2.2　AI 人物摄影效果展示　139
5.2.3　老奶奶纪实摄影设计案例　142
5.2.4　总结及展望　144

## 5.3　创意摄影　144

5.3.1　AI 绘画创意摄影通用魔法公式　145
5.3.2　AI 绘画结合创意摄影效果展示　145
5.3.3　蚂蚁微距摄影设计案例　150
5.3.4　总结及展望　152

## 5.4　结束语　152

## 06 第 6 章
CHAPTER AI 绘画在建筑领域的应用

## 6.1　古典建筑设计　154

6.1.1　AI 古典建筑通用魔法公式　155
6.1.2　AI 古典建筑效果展示　155
6.1.3　古典主义花园设计案例　159
6.1.4　总结及展望　161

## 6.2　现代建筑设计　162

6.2.1　AI 现代建筑通用魔法公式　162
6.2.2　AI 现代建筑效果展示　162
6.2.3　观光塔设计案例　167
6.2.4　总结及展望　170

## 6.3　室内设计　170

6.3.1　AI 室内设计通用魔法公式　170
6.3.2　AI 室内设计效果展示　170
6.3.3　儿童房设计案例　177
6.3.4　总结及展望　179

## 6.4　结束语　180

## 07 第 7 章
CHAPTER AI 绘画在电影领域的应用

## 7.1　电影分镜设计　182

7.1.1　AI 电影分镜设计通用魔法公式　182
7.1.2　AI 电影分镜效果展示　183
7.1.3　对话镜头设计案例　186
7.1.4　总结及展望　189

## 7.2　电影人物设计　189

7.2.1　AI 电影人物设计通用魔法公式　189
7.2.2　AI 电影人物设计效果展示　189
7.2.3　警察人物形象设计案例　197
7.2.4　总结及展望　198

目 录
CONTENTS

**7.3 电影场景设计**     **198**

7.3.1 AI 电影场景设计通用魔法公式     199

7.3.2 AI 电影场景效果展示     199

7.3.3 梦幻主题场景设计案例     204

7.3.4 总结及展望     205

**7.4 结束语**     **205**

---

**08** CHAPTER

**第 8 章**
**AI 绘画在网站与社交软件领域的应用**

**8.1 网站设计**     **208**

8.1.1 AI 网站设计通用魔法公式     209

8.1.2 AI 网站设计效果展示     209

8.1.3 音乐网站设计案例     216

8.1.4 总结及展望     218

**8.2 App 界面设计**     **218**

8.2.1 AI App 界面设计通用魔法公式     219

8.2.2 AI App 界面设计效果展示     219

8.2.3 垃圾分类 App 设计案例     225

8.2.4 总结及展望     227

**8.3 结束语**     **227**

---

**09** CHAPTER

**第 9 章**
**AI 绘画在游戏领域的应用**

**9.1 游戏角色设计**     **229**

9.1.1 AI 游戏角色设计通用魔法公式     229

9.1.2 AI 游戏角色设计效果展示     229

9.1.3 三消游戏主角设计案例     235

9.1.4 总结及展望     238

**9.2 游戏场景设计**     **238**

9.2.1 AI 游戏场景设计通用魔法公式     238

9.2.2 AI 游戏场景设计效果展示     238

9.2.3 农场三消游戏场景设计案例     244

9.2.4 总结及展望     245

**9.3 游戏图标设计**     **245**

9.3.1 AI 游戏图标设计通用魔法公式     246

9.3.2 AI 游戏图标设计效果展示     246

9.3.3 三消游戏消除元素设计案例     251

9.3.4 总结及展望     253

**9.4 结束语**     **254**

---

**10** CHAPTER

**第 10 章**
**AI 绘画的展望与挑战**

**10.1 AI 绘画的展望**     **256**

**10.2 AI 绘画面临的挑战**     **256**

**10.3 结束语**     **256**

CHAPTER

01

第1章

# AI 绘画概述

**本章导读**

近年来，随着深度学习、计算机视觉等技术的飞速发展，AI绘画已成为一个备受瞩目的研究领域。

AI绘画的诞生与发展，源自于人类对艺术创作的不断探索与追求。传统的艺术创作要求艺术家具备深厚的艺术素养和独特的创作风格，而AI绘画则能够借助算法和模型，模拟人类艺术创作的思维过程，实现艺术创作的自动化与智能化。

AI绘画的技术基石涵盖了计算机视觉、深度学习、自然语言处理等多个领域。具体而言，计算机视觉技术赋予AI系统识别与理解图像中特征与模式的能力；深度学习技术则使模型能够自动学习并生成艺术作品；自然语言处理技术则用于阐述和指导艺术创作的主题与风格。

本章作为概述部分，主要介绍了AI绘画的基本原理以及基本指令的使用方法等内容。

# 1.1 AI绘画及前景

AI绘画是指利用AI算法，基于文字或语音提示自动生成图像的过程。它依托深度学习、机器学习等先进技术，对海量图片进行深入学习和分析，从而掌握绘画的基本元素，如线条、色彩、光影等，并在此基础上创作出具有艺术价值的绘画作品。AI绘画不仅能模仿人类艺术家的风格和创作思路，还能通过算法生成独特的艺术作品，展现其创新性。

AI绘画的前景包括以下几个方面。

**1** 艺术创作的高效性与创新性：AI绘画凭借其算法优势，能够显著提升艺术创作的效率，同时为艺术家提供源源不断的创作灵感和新的可能性。AI绘画的应用范围也越来越广泛，不仅在游戏、电影等娱乐领域成为重要元素，还在教育、设计等多个领域展现出巨大潜力。

**2** 艺术价值的认可度：随着AI绘画技术的不断发展，许多优秀的AI绘画作品开始亮相于各类艺术展览和博物馆，这标志着AI绘画作品的艺术价值正逐步获得社会各界的认可。尽管关于AI绘画是否真正具有艺术价值的讨论仍在继续，但随着技术的不断进步和应用范围的拓宽，未来AI绘画作品无疑将赢得更广泛的认可与尊重。

然而，AI绘画的兴起可能对传统艺术家的职业产生一定影响。因此，在欣赏和肯定AI绘画艺术成就的同时，我们也需要关注并保护人类艺术家的权益，确保艺术创作生态的多元与和谐。

# 1.2 AI绘画原理

在深入探讨AI绘画的原理之前，我们首先需要了解它的基本工作机制以及支撑它运行的关键技术。AI绘画可以说是科技与艺术的完美融合，它涉及了机器学习、生成对抗网络等前沿技术。

## 1.2.1 机器学习

AI绘画的基石在于机器学习技术。机器学习是一种使计算机能够从数据中自动学习并不断优化自身性能的方法。在AI绘画领域，机器学习使计算机能够模拟艺术家的创作风格、色彩运用以及线条表达等独特特征，从而实现艺术的自动化创作。

## 1.2.2　生成对抗网络

生成对抗网络是 AI 绘画中的重要技术之一，它是一种深度学习模型，由两个相互对抗的神经网络组成：生成器网络和判别器网络。生成器网络负责学习训练数据的分布，并据此生成新的数据；而判别器网络则负责区分这些数据是生成器生成的还是真实的训练数据。在训练过程中，这两个网络形成了一种竞争关系：生成器网络试图欺骗判别器网络，使其难以区分生成的数据和真实的训练数据；进而，判别器网络则努力提升自己的识别能力，以正确地区分真假数据。

通过不断的迭代训练，生成器网络逐渐学会如何生成更加逼真的数据，而判别器网络也变得更加精准。最终，生成器网络能够产生与训练数据高度相似的新数据，这些数据在图像生成、视频生成、自然语言处理等多个领域都有广泛的应用。

生成对抗网络的应用领域非常广泛，涵盖了图像生成、视频生成、语音合成、图像风格转换等众多方面。然而，生成对抗网络的训练过程也非常复杂，需要考虑多个因素，如训练数据的质量、网络结构的设计、超参数的调整等。

例如，一个基于生成对抗网络的 AI 绘画系统可以通过对抗性训练的方式，不断优化生成的艺术作品，使其逐渐接近真实艺术品的水平。经过反复的训练和优化，该系统能够创作出令人惊叹的艺术作品，甚至在某些方面与人类艺术家的作品相媲美。

## 1.2.3　数据集

一个高质量且多样化的数据集对于训练出具有艺术性的绘画模型至关重要。数据集是 AI 绘画的基石，它蕴含着丰富的艺术信息和风格特征。

AI 绘画的数据集主要涵盖两大类：图像数据库和艺术作品数据库。

**1** 图像数据库：作为 AI 绘画的基础数据之一，它包含了丰富多样的图像素材，如风景、人物、动物等。这些图像不仅有助于训练 AI 模型理解不同对象的形状、纹理和颜色等特征，还能增强其视觉感知能力。图像数据集可以是来自真实世界的图片，也可以是经过精心设计的合成图像。例如，ImageNet 是一个大型的图像数据库，它拥有超过 1400 万张图片，涵盖超过 1000 个类别，是 AI 绘画领域不可或缺的基础资源。

**2** 艺术作品数据库：此类数据库专注于收集和整理各种艺术家的绘画作品。这些作品跨越了不同的时期、风格和流派，为 AI 模型提供了宝贵的学习资源，使其能够模拟并创作出多样化的绘画风格。一个全面的艺术作品数据库能够极大地丰富 AI 绘画系统的学习素材，推动其在艺术创作领域的进一步探索。

综上所述，AI 绘画的原理融合了机器学习、生成对抗网络等多个领域的前沿技术。通过持续优化数据集和训练策略，AI 绘画将在未来取得更多令人瞩目的成就，为科技与艺术的融合开辟更加广阔的道路。

# 1.3　AI 绘画工具

## 1.3.1　Midjourney

### 1. Midjourney 简介

Midjourney 是一款由美国同名研究实验室开发的人工智能程序，该程序能够根据文本内容生成图像。

该实验室在2022年7月12日将Midjourney推向了公开测试阶段，并选择将其搭载在游戏与应用社区Discord中运行。该实验室由Leap Motion的创始人大卫·霍尔兹（David Holz）领导。Midjourney的初始界面如图1-1所示。

图1-1　Midjourney的初始界面

### 2. 使用Midjourney制作图像

**1** 登录Discord。通过Web浏览器、移动应用程序或桌面应用程序使用Discord来访问Midjourney Bot。在加入Midjourney Discord服务器之前，请确保您拥有经过验证的Discord账户。Discord官网页面如图1-2所示。

图1-2　Discord官网页面

**2** 在Discord上加入Midjourney服务器。

◎ 打开 Discord 并找到左侧边栏上的服务器列表。

◎ 单击服务器列表中1处的"加号"按钮。

◎ 在弹出的窗口中单击2处的"Join a Server"按钮。

◎ 在3处粘贴或输入 URL "http://discord.gg/midjourney"并单击"Join Server"。

操作过程如图1-3所示。

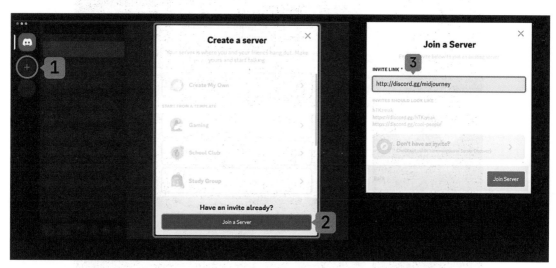

图1-3　加入Midjourney服务器

**3** 创建自己的服务器。

◎ 打开 Discord 并找到左侧边栏上的服务器列表。

◎ 单击"亲自创建"。

◎ 在新页面中选择你想要服务器使用的对象，如供俱乐部或社区使用、仅供我和我的朋友使用。

◎ 自定义你的"服务器名称"。

操作过程如图1-4所示。

图1-4　创建服务器

完成创建服务器的界面如图1-5所示。

图1-5　完成创建服务器

**4** 如何使用/imagine指令。

◎ 在图1-6最下方的输入框中输入英文字符"/"，在弹出的Midjourney指令窗口中选择"/imagine"指令或在输入框中输入"imagine"指令。

◎ 在输入框中输入要创建的图像的prompt（提示语）。

◎ 按回车键，然后Midjourney将根据提示语开始生成图像，如图1-6所示。

图1-6　/imagine指令使用

**5** 放大图像并升级或创造变化。

◎ U1、U2、U3、U4按钮：用于放大图像。其中，U1、U2、U3、U4分别表示对第1张、第2张、第3张和第4张图像进行放大操作，如图1-7所示。U3单图的效果如图1-8所示。

图1-7　U1、U2、U3、U4按钮　　　　　　　　　　　图1-8　U3单图

◎ V1、V2、V3、V4按钮：用于创建所选图像的变体。V3单图的效果如图1-9所示。

◎ 刷新按钮：根据原始提示生成新的图像，如图1-10所示。

图1-9　V3单图　　　　　　　　　　　图1-10　使用刷新按钮重新生成图像

**6** 增强或修改图像。在图1-10中单击U2按钮生成一张大图，如图1-11所示。

◎ Vary（Strong）：创建强烈的图像变化，生成一幅含有四张小图的新图像，如图1-12所示。

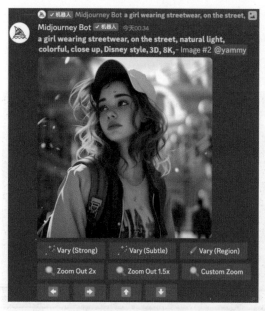

图1-11　U2单图

图1-12　Vary（Strong）图像

◎ Vary（Subtle）：创建微妙的图像变化，生成一幅含有四张小图的新图像，如图1-13所示。

◎ Vary（Region）：局部调整图像，对图像中不满意的地方进行局部调整，如图1-14所示。

图1-13　Vary（Subtle）图像

图1-14　Vary（Region）重绘区域选择

　　首先选取需要重新绘制的区域，然后修改相应的提示（需打开Remix模型），再单击箭头确认生成重绘后的图像，如图1-15所示。

　　◎ Zoom Out 2x、Zoom Out 1.5x、Custom Zoom：扩展画布的原始边界，而不改变原始图像的内容。新扩展的画布将根据算法分析原始图像内容后自动生成的图案或颜色进行填充。如图1-16所示是放大2倍的效果。

图1-15　重绘生成图像

图1-16　放大2倍的效果

◎ 向左平移、向右平移、向上平移、向下平移：用于沿选定方向扩展图像的画布尺寸，而无须更改原始图像的内容。新扩展的画布将根据提示和原始图像的指导进行填充。如图1-17所示是"向左平移"的效果。

图1-17　向左平移的效果

◎ Favorites：标记你喜欢的图像，以便在 Midjourney 网站上轻松找到它们，如图1-18所示。

图1-18　收藏图像

◎ Web：表示在Midjourney官网中查看图像，如图1-19所示。

图1-19　官网查看图像

**7** 保存图像。单击图像将其打开为全尺寸，然后右击并选择"保存图片"，如图1-20所示。

图1-20　保存图像

### 3．Midjourney常用指令

**1** /imagine（生图指令）：该指令表示使用提示语生成一个图像，使用时输入相关的提示发送即可，如图1-21所示。

**2** /blend（融合图像指令）：该指令用来快速上传图像，然后将它们混合成一个新的图像，如图1-22所示。

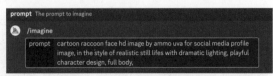

图1-21　/imagine指令

◎ 输入"/"，选择"blend"，选择上传的图片，Midjourney默认上传2张，最多可以上传5张。

◎ 等待Midjourney执行命令，如果对结果不满意可以多随机生成几次，如图1-23所示。

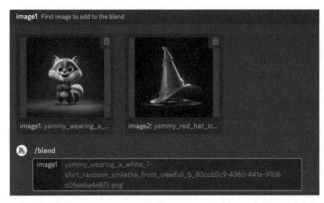

图1-22　融合图像指令　　　　　　　　　　　　　　图1-23　融合图像效果

**3** /describe（反推提示）：该指令用来根据用户上传的图像生成四段提示，如图1-24所示。

◎ 输入"/"，选择"describe"，并上传图片。

图1-24　反推提示指令操作

◎ 等待Midjourney生成提示。图1-25右图中的数字"1、2、3、4"依次对应左图中的4段提示。单击指定序号，就可以用对应提示生成图像，如图1-25所示。

图1-25　生成提示

**4** /settings（设置）：该指令用于设置Midjourney的相关属性，同时支持快速切换各个版本和相关模式，如图1-26所示。

**5** /Fast mode（快速模式）：该指令用于想提升图像生成的速度，如图1-27所示。

**6** /Relax mode（放松模式）：该指令比快速模式慢，一般付费用户用完快速模式的GPU时间后会自动切换到放松模式，如图1-28所示。

**7** /Remix mode（微调模式）：该指令可以对生成图像进行局部风格的调整，如图1-29所示。

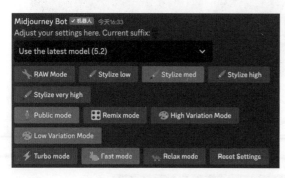

图1-26　设置

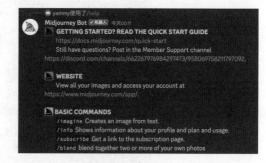

图1-27　快速模式

图1-28　放松模式

图1-29　微调模式

**8** /help（帮助）：该指令可提供关于Midjourney Bot的基本信息和提示，当您遇到问题时可以使用该指令进行查看了解，如图1-30所示。

**9** /ask（询问）：该指令用于获取问题的答案，如图1-31所示。

**10** /info（查看用户信息）：该指令用于查看关于用户账户和当前排队或运行中的作业、订阅类型等信息，如图1-32所示。

图1-30　帮助

图1-31　获取问题的答案

图1-32　查看用户信息

**11** /subscribe（订阅）：该指令用于生成用户账户页面的个人链接，让用户查看和更改订阅计划，如图1-33所示。

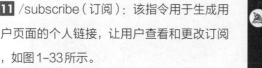

### 4. Midjourney参数

图1-33　订阅

**1** --ar或--aspect参数：此参数用于更改生成图像的纵横比。它通常表示为用比号分隔的两个数字，

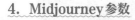

如7:4或4:3。

◎ 常见的尺寸设置，如图1-34所示。

--aspect 1:1：默认纵横比。

--aspect 5:4：常见的框架和打印比例。

--aspect 3:2：常见的印刷摄影尺寸。

--aspect 7:4：接近高清电视屏幕和智能手机屏幕比例。

◎ Zoom Out（缩放标签）：用于更改图像的纵横比，如图1-35所示。

◎ 设置纵横比：将--aspect <value>：<value>或--ar <value>：<value>添加到提示的末尾，如图1-36所示。

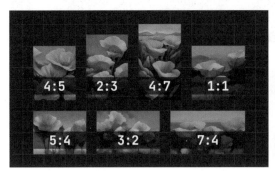

图1-35 Zoom Out

图1-34 尺寸设置

图1-36 设置纵横比

在特定的AI绘画平台或图像处理软件中，用户可以通过单击一个按钮来放大图像并更改其纵横比。系统会智能地根据用户的提示和原始图像的内容，自动添加附加内容来填充因放大而产生的新空间，确保图像的整体协调性和美感。

**2** --chaos：此参数用于调整生成图像的变化程度。通过改变--chaos的值，可以控制图像在网格和构图上的差异程度。当--chaos值越高时，图像的风格和构图差异会增大，越可能生成意想不到的作品。当--chaos值越低时，生成的结果会越相似。--chaos的取值范围为0～100内的任意整数，默认值为0。

--chaos值为10时生成的图像如图1-37所示。

提示：watermelon owl hybrid --c 10。

翻译：西瓜 猫头鹰 --c 10。

图1-37 --chaos值为10

--chaos值为25时生成的图像如图1-38所示。

提示：watermelon owl hybrid --c 25。

翻译：西瓜 猫头鹰 --c 25。

图1-38　--chaos值为25

--chaos值为80时生成的图像如图1-39所示。

提示：watermelon owl hybrid --c 80。

翻译：西瓜 猫头鹰 --c 80。

图1-39　--chaos值为80

--chaos参数的使用方法是将--chaos <value>或--c <value>添加到提示的末尾，如图1-40所示。

图1-40　--chaos参数的使用方法

**3** --no（负面提示）：此参数用于告知 Midjourney 图像中不要包含哪些内容。

--no参数接受用逗号分隔的多个提示：--no item1，item2，item3，item4。--no 参数的使用效果如图1-41所示。

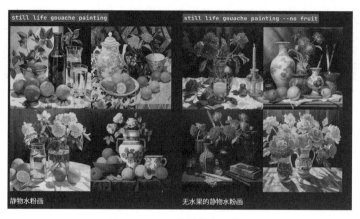

图1-41 --no参数的使用效果

--no参数的使用方法是将--no item1、item2、item3添加到提示的末尾，如图1-42所示。

图1-42 --no参数的使用方法

**4** --quality（图像质量）：此参数可以更改生成图像所花费的时间。其值越大，表示图像的细节越多，渲染时间越长。

--quality的默认值为1。

--quality有3个值：0.25、0.5和1。较大的值向下舍入为1。

--quality仅影响初始图像的生成。

--quality适用于V4、V5、V5.1、V5.2和Niji 5版本。

质量设置是影响生成图像细节和清晰度的参数，但它并不直接影响图像的分辨率。较低的quality值适合生成抽象的图像，而较高的quality值适合生成细节较多的图像，如图1-43所示。

提示：detailed peony illustration --quality 0.25。

翻译：详细的牡丹插图 --quality 0.25。

图1-43 不同质量参数下的图像效果

--quality参数的使用方法是将--quality \<value\>或--q \<value\>添加到提示的末尾，如图1-44所示。

图1-44 --quality参数的使用方法

**5** --seed（随机种子）：该参数用来对图像进行微调。每个图像的seed值都是随机生成的，但可以使用--seed参数进行指定。使用相同的seed值和提示会生成结果相似的图像。

seed值的取值范围为0～4294967295中的整数。

seed值仅影响初始图像。

在使用模型版本1、2、3、test和testp时，相同的seed值会生成具有相似构图、颜色和细节的图像。

在使用模型版本4、5和niji时，相同的seed值会生成几乎相同的图像。

获取seed值的方法是给图像添加信封表情符号，如图1-45所示。

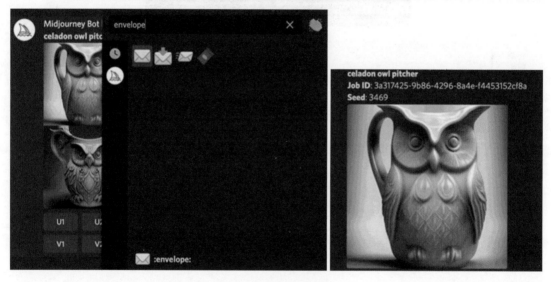

图1-45 seed值的获取

--seed参数的使用方法是将--seed <value>添加到提示的末尾，如图1-46所示。

图1-46 --seed参数的使用方法

**6** --tile：该参数用于生成重复图块，如创建织物、壁纸和纹理等无缝图案。

--tile适用于V1、V2、V3、V test、V testp、V5、V5.1和V5.2版本。

--tile只可以生成单个平铺图像。

平铺参数的示例如图1-47所示。

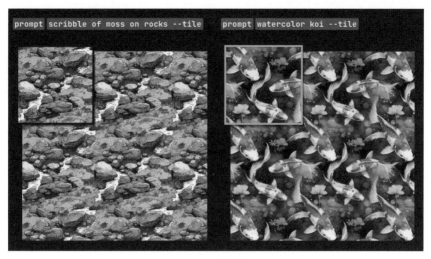

图1-47　平铺参数的示例

平铺参数的使用方法是将--tile添加到提示的末尾，如图1-48所示。

图1-48　平铺参数的使用方法

**7** 版本。Midjourney 定期发布新模型版本，以提高效率、一致性和质量。Midjourney默认使用最新的模型，但可以通过添加--version参数或使用 /settings指令来使用其他型号。

Midjourney版本包括V1、V2、V3、V4、V5、V5.1和V5.2版本。

--version可以缩写为--v。

--V5.2为当前默认模型版本。

V5.2版本是最新且最先进的模型。V5.2版本能够生成更详细、更清晰的图像结果。在颜色运用、对比度调整和构图设计上V5.2版本表现得更加出色。与早期模型相比，V5.2版本在理解用户提示方面有了显著的提升。V5.2版本对--stylize参数的响应更加灵敏，如图1-49所示。

图1-49　V5.2版本模型的效果示例

在V5.1和V5.2版本中，用户可以使用--style参数对生成的图像进行微调，以减少一些默认的Midjourney美学风格。V5.2版本与--style参数结合使用的效果比较如图1-50所示。

图1-50　V5.2与--style参数结合使用的效果比较

V5.1版本于2023年5月4日发布。V5.1版本具有非常高的连贯性，擅长准确解释自然语言提示，具有更高的分辨率，并支持--tile等高级功能，如图1-51所示。

图1-51　V5.1版本模型的效果示例

V5模型在生成图像时，展现出了与提示内容高度匹配的能力，但可能需要较长的提示才能实现特定的美学效果，如图1-52所示。

图1-52　V5模型的效果示例

Midjourney V4版本是2022年11月至2023年5月期间的默认模型。Midjourney V4版本采用了全新的代码库和AI架构，并在新的 Midjourney AI超级集群上进行训练。与之前的模型相比，V4版本增加了对生物、地方和物体的了解。该模型具有很高的连贯性，并且在图像提示方面表现出色，如图1-53所示。

图1-53　V4模型的效果示例

　　Niji模型是Midjourney和Spellbrush携手合作开发的，可用于制作动漫和插画风格的图像。在Niji5版本的提示后面添加--style cute、--style expressive、--style scenic、default --niji5、--style original、参数会生成不同动漫效果的图像，如图1-54所示。

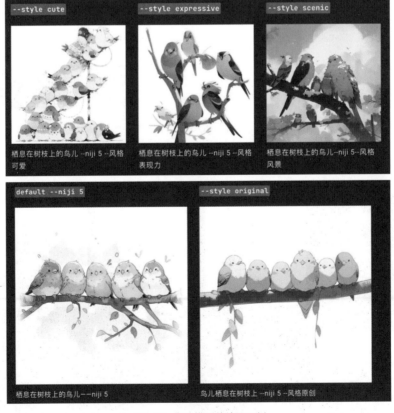

图1-54　Niji模型的效果示例

　　**8** --stylize（或简写为--s）：该参数用来调整生成图像的风格化程度。低stylize值生成的图像与提示的相关性较强，但艺术性较差。高stylize值生成的图像非常艺术，但与提示的相关性较弱。

--stylize的默认值为100，数值范围为 0～1000 中的任意整数。

不同stylize值的示例效果如图1-55所示。

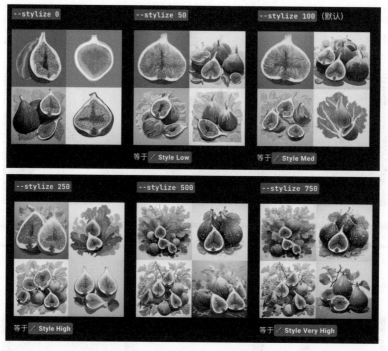

图1-55　不同stylize值的效果示例

风格化参数的使用方法是：将--stylize <value>或--s <value>添加到提示的末尾，如图 1-56 所示。

**9** --iw：该参数用来生成图像的另类化程度。--iw的默认值为0。iw值越高意味着图像提示将对生成的图像产生更大的影响。

不同iw值的效果示例如图1-57所示。

图1-56　--stylize参数的使用方法

图1-57　不同 iw 值的效果示例

### 5．Midjourney提示绘图

**1** 提示结构：提示中可以包括一个或多个图像链接、多个文本提示以及一个或多个后缀参数，如图1-58所示。

图1-58　提示结构

**2** 提示公式。

**公式：主题+环境+照明+色调+构图+风格**

◎ 主题：人物、动物、地点、物体等。

◎ 环境：室内、室外、月球上等。

◎ 照明：阴天、霓虹灯、工作室灯等。

◎ 色调：充满活力、柔和、明亮、单色、彩色、黑白等。

◎ 构图：人像、特写、鸟瞰图等。

◎ 风格：照片、插画、雕塑、涂鸦、挂毯等。

**3** 提示示例。

提示：a girl wearing streetwear, on the street, natural light, colorful, close up, Disney style, 3D, 8K。

翻译：一个穿着街头服饰的女孩，在街上，自然光，色彩缤纷的，特写，迪士尼风格，3D，8K。

图像效果如图1-59所示。

图1-59　图像效果

每个提示词的顺序可以根据需要进行灵活调整。提示中词语的顺序会影响结果，越往前的提示词对生成的图像影响越大。

## 1.3.2　Stable Diffusion

### 1．Stable Diffusion 简介

Stable Diffusion是由英国人工智能公司Stability AI在2022年发布的一款先进的文生图模型。它主

要用于根据用户的文本提示生成与之相匹配的图像，当然也可以用于其他任务，如内补绘制、外补绘制以及图生图译。Stable Diffusion官网界面如图1-60所示。

本书主要介绍Midjourney的用法，Stable Diffusion工具仅供参考。

### 2. Stable Diffusion指令输入

Stable Diffusion的指令输入方法是在Stable Diffusion网站输入提示，选择相应的图像模型，输出图像的负向提示（Negative Prompt），单击Generate（生成），如图1-61所示。

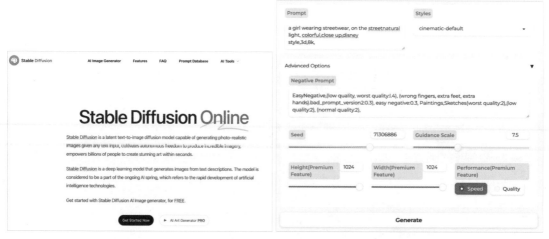

图1-60　Stable Diffusion官网界面　　　　图1-61　Stable Diffusion指令输入界面

### 3. Stable Diffusion 图像生成

Stable Diffusion生成的图像效果如图1-62所示。

图1-62　Stable Diffusion生成的图像效果

CHAPTER

02

第2章

# AI绘画在插画
# 领域的应用

**本 章 导 读**

插画是一种通过图像和图形来传达信息的艺术形式，广泛应用于书籍、杂志、广告等媒介。传统插画是手动绘制的，而 AI 绘画插画则是借助人工智能技术生成的。

相较于传统插画，AI 绘画插画展现出更高的创作效率和更丰富的表现形式，同时能够高度逼真地模拟人类艺术家的绘画技巧和风格。然而，在情感表达和创造性方面，传统插画仍然保持着独特的魅力和优势。

AI 绘画在插画领域的应用特点主要体现在以下几个方面。

◎ 高效性：AI 绘画技术能够迅速生成插画作品。它利用计算机算法来模拟人类艺术家的创作过程，实现自动化和智能化，从而大大减少了人工干预和时间成本。

◎ 多样性：AI 绘画技术能够模拟多种绘画风格和表现形式，根据用户需求进行个性化定制。它不仅可以生成传统的手绘插画，还能制作数字插画、动态插画等多种类型的作品。

◎ 精确性：AI 绘画技术具有高精度和高还原度，能够准确地复制人类艺术家的绘画技巧和风格。这使得插画师能够快速实现自己的想法，并达到更高的视觉效果。

◎ 创新性：AI 绘画技术不仅能够模仿现有的艺术风格，还能通过机器学习和神经网络技术进行自主创新。它能够生成独特的插画风格，为插画师提供更多的想象空间和创新思路。

接下来，我们分别介绍 AI 绘画工具在书籍插画、漫画绘本和包装插画中的应用。

# 2.1 书籍插画

插画作为书籍设计的重要组成部分，不仅能够增强书籍的视觉吸引力，为书籍增添趣味性，还能丰富书籍的文化内涵。自古以来，插画就在各类书籍中扮演着举足轻重的角色。

书籍插画大体可分为两类：传统书籍插画与数码技术插画。传统书籍插画根据书籍类型的不同，进一步细分为小说类插画、儿童绘本类插画、民俗类插画、杂志类插画、科普类插画、诗歌与散文类插画、菜谱类插画等。不同类型插画对其表现力的要求各不相同。其中，儿童绘本类插画倾向于运用夸张、富有想象力且幽默的表达方式，常常采用卡通和写实风格来呈现；科普类插画则着重为读者剖析和帮助其理解文字部分所未能充分表达的内容，侧重写实和逻辑呈现。数码技术插画主要是指通过数码技术绘制的插画，其绘画工具是鼠标和数位板，绘画介质是电脑屏幕。数码技术插画除了与传统书籍插画在风格分类上有所相似之外，还具备某些独特特性，如规格多样、尺度可调、画面精度高等。

如今，AI 绘画的崛起为书籍插画带来了无限可能。用户只需输入提示词，便可以让 AI 绘画工具迅速生成具有不同风格的画作，为书籍插画领域注入了新的活力。

下面让我们一起来尝试制作不同风格的 AI 绘画书籍插图。

## 2.1.1 AI 书籍插画通用魔法公式

**通用魔法公式：书籍插图类型 ＋ 主题元素 ＋ 环境氛围 ＋ 风格参考**

核心提示：插画（illustration），书籍插画（book illustration）。

辅助提示：中国传统绘画风格（Chinese traditional painting style），写实主义（realism），立体绘本插画（pop-up illustration），白描风格（baimiao style），时尚杂志插画（fashion magazine illustration），中式菜谱插画设计（Chinese recipe illustration design），卡通插画（cartoon illustration）。

## 2.1.2　AI 书籍插画效果展示

### 1．小说类插画

**1** 古风小说。古风小说插画的特点是注重服饰风格的展现、表情的刻画、姿态的设计及色彩的运用，如图2-1和图2-2所示。在表情上，它通过眼神、微笑或沉思等细节表达人物的情感。姿态的设计会强调身体的曲线和动作的流畅性，使人物形象更加生动有趣。在色彩上，常常采用柔和、淡雅的调色，以营造出一种古典、温婉的氛围。同时，古风小说也会根据情节和角色的特点运用不同的色彩来表现人物的性格和小说的氛围。

图2-1　古风小说插画

提示：a handsome man wearing classical Chinese costumes，with long flowing hair，decorated with jade cicada ornaments，Chinese traditional painting style，8K，--ar 3:4。

翻译：一个穿着中国古典服饰的英俊男子，长发飘逸，佩戴玉蝉饰品，中国传统绘画风格，8K，--ar 3:4。

图2-2 古风小说插画

提示：female protagonist, Hanfu, beautiful, bright, gentle, desk, ancient book, reading, stationery, calligraphy and painting, classical atmosphere, sunlight, face, book illustration, Chinese traditional painting style, 8K, --ar 3:4。

翻译：女主角，汉服，美丽的，明亮的，温柔的，书桌，古书，阅读，文具，字画，古典气息，阳光，脸，书籍插画，中国传统绘画风格，8K，--ar 3:4。

**2** 科幻小说。未来城市景观，如超现代化的建筑、高耸的摩天大楼和复杂的交通系统，营造独特的城市风貌。同时，插画还会展现未来科技元素，如飞行器、虚拟现实等，并且运用明亮的色彩、夸张的透视和构图以及细节丰富的背景元素，给人一种强烈的视觉冲击，如图2-3所示。

图2-3 科幻小说插画

提示：science fiction, illustration, future world, cityscape, skyscrapers, buildings, lights, flying cars, spaceships, interstellar universe, curiosity, futurism, 8K, --ar 3:4。

翻译：科幻小说，插画，未来世界，城市景观，摩天大楼，建筑物，灯光，飞行汽车，宇宙飞船，星际宇宙，好奇心，未来主义，8K，--ar 3:4。

**3** 推理小说。此类插画强调营造出一种神秘的氛围，通过运用暗色调、阴影和光线的处理以及细节的刻画，给人一种悬疑和不可预测的感觉。此外，推理小说人物及场景插画往往会突出智力与推理的元素，通过描绘主角的思考过程、解谜的场景或关键的线索，让观者感受到推理小说的独特魅力，如图2-4所示。

图2-4　推理小说插画

提示：detective novel, illustration, dimly lit room, files, clues, suspects, maps, magnifying glass, fingerprint collection tools, spotlight, cracking password, investigating a case, determined, calm, mystery, realism, 8K, --ar 3:4。

翻译：侦探小说，插画，昏暗的房间，文件，线索，嫌疑人，地图，放大镜，指纹采集工具，聚光灯，破解密码，侦查案件，坚定的，冷静的，神秘，写实主义，8K，--ar 3:4。

### 2. 儿童绘本类插画

**1** 卡通故事绘本。卡通故事绘本中的人物及场景插画通常以简洁可爱的风格为主，往往采用鲜明的色彩，以吸引孩子的注意力。人物表情通常会被夸张处理，以增强故事的趣味性和幽默感。另外，卡通故事绘本中的人物及场景插画通常会通过连贯的画面来串联整个故事，每一幅插画都承载着故事的一部分，如图2-5和图2-6所示。

图2-5　卡通故事绘本插画

提示：cartoon, story, children, picture book, illustration, adorable, background, animals, picnic, laughter, conversation, warm, friendly, green trees, blue skies, field of flowers, stream, hand drawn style, bright and colorful palette, medium shot, 8K, --ar 3:4。

翻译：卡通，故事，儿童，绘本，插画，可爱的，背景，动物，野餐，笑声，对话，温暖的，友好的，绿树，蓝天，花田，小溪，手绘风格，明亮多彩的调色板，中景，8K，--ar 3:4。

图2-6　卡通故事绘本插画

提示：grassland，rabbits，birds，butterflies，gather together，children's book design，vibrant colors，adorable，joyful scene，simple and lively lines，warm and delightful feeling，8K，--ar 3:4。

翻译：草原，兔子，鸟儿，蝴蝶，聚集在一起，儿童读物设计，鲜艳的色彩，可爱的，欢乐的场景，简单活泼的线条，温暖愉悦的感觉，8K，--ar 3:4。

**2** 3D立体绘本。3D立体绘本的插画通常会注重细节的描绘，力求让物体的外观和质感更加逼真。另外，插画中常常会添加动态元素，使插画与立体绘本结构相得益彰：通常会将故事情节延展到立体画面中，在立体画面中描绘关键场景或角色的动作，以更好地推动故事情节发展，如图2-7所示。

图2-7  3D立体绘本插画

提示：pop-up book，cartoon style，oceans and whales，seagulls，sea waves，8K，--ar 3:4。

翻译：立体书，卡通风格，海洋和鲸鱼，海鸥，海浪，8K，--ar 3:4。

### 3. 诗集类插画

**1** 中国山水。此类插画通常以自然山水为主题，如山峦、江河、湖泊、树木等。它们通常利用细腻的笔触和精巧的构图展现大自然的壮丽和宁静；运用淡雅的色调，如青绿、淡蓝、浅灰等，营造出宁静、优雅的氛围；借助山石、水流等物体的轮廓和纹理，表现物体的形态；通过绘制具有意境的场景，表达作者对自然的赞美和人与自然关系的思考，进而引发读者的共鸣，如图2-8所示。

图2-8 中国山水插图

提示：mountains, trees, streams, birds, ink painting style, naturalistic rendering, gray, full view, --ar 3:4。

翻译：山，树，溪流，鸟，水墨画风格，自然写实渲染，灰色调，全景，--ar 3:4。

**2** 人物白描。人物白描插画常常运用古代场景、服饰、色彩来展现出古代人物的身份和地位，借助人物的姿态和表情来传达情感和思想，并结合诗歌、散文进行创作，以增强读者对诗歌的理解，如图2-9所示。

图2-9 人物白描插画

提示：Chinese painting，figure，baimiao style，illustration，elegant，traditional，lines，elaborate attire，dynamic poses，expressions，facial features，simplicity，artistic，--ar 3:4。

翻译：国画，人物，白描风格，插画，典雅的，传统的，线条，精致的服饰，动感的姿势，表情，面部特征，简约，艺术的，--ar 3:4。

### 4. 杂志类插画

**1** 社会科学杂志。此类插画通常通过图解的方式来呈现复杂的概念、理论或数据，能够帮助读者更直观地理解和记忆相关内容。如图2-10所示，该图通过具象化手法，突出DNA（脱氧核糖核酸）结构模型，使概念具体化，以向读者普及科学知识并激发他们的兴趣。

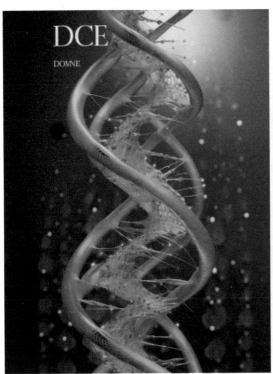

图2-10 社会科学杂志插画

提示：On the cover of a social science magazine，an eye-catching image is displayed. In the image，the DNA double helix is presented in a vivid manner，with intricate structure and transparent blue colors. The helix intertwines together，as if showcasing the mysteries and complexities of the biological world to the readers. The overall cover design is sleek and modern，evoking curiosity and anticipation for the exploration of life sciences，8K，--ar 3:4.。

翻译：在一本社会科学杂志的封面上，展示了一个引人注目的图像。图像中，DNA双螺旋被生动地呈现出来，其细致的结构和透明的蓝色色调相得益彰。螺旋体相互缠绕，仿佛在向读者展示生物界的奥秘和复杂性。整个封面设计简洁而富有现代感，让人对生命科学的探索充满了好奇和期待，8K，--ar 3:4。

**2** 服装时尚杂志。服装时尚杂志插画注重利用流行的服装款式、潮流元素和时尚配饰等来表现时尚感；以模特为主要形象，借助服装的穿着效果和整体搭配，以及模特的姿态、表情和动态线条等来传达时尚品

牌的形象和风格；通过色彩的选择和运用营造出不同的氛围和情感；使用精细的线条和阴影处理来展示服
装的质感、细节和剪裁，如图2-11所示。

图2-11 服装时尚杂志插画

提示：fashion illustration, modern fashion model, high-end elegance, stylish and elegant
outfit, sophistication and grace, minimalistic yet refined design, sketching style, artistic
backdrop, light gray color background, 8K, --ar 3:4。

翻译：时尚插画，现代时尚模特，高端优雅，时尚优雅的服装，精致与优雅，简约而精致的设计，素
描风格，艺术背景，浅灰色背景，8K，--ar 3:4。

### 5. 菜谱类插画

**1** 中式菜谱插画。中式菜谱插画的绘制重点在于运用鲜艳的色彩、细腻的细节表现、丰富的传统元
素以及简洁明了的设计来突出食物的鲜活色彩和诱人之处。通过精心雕琢的线条和阴影处理，展示菜品的
质感与层次。同时，巧妙融入传统的文化符号，如传统的烹饪工具（笼屉等），以直观而简练的方式，突
出菜品的核心特色，使读者一目了然，如图2-12所示。

提示：Chinese recipe illustration design, rice, noodles, dumplings, xiaolongbao, vitality,
color, varied, texture, beauty, order, details, cooking, essence, traditional food, charm,
8K, --ar 3:4。

翻译：中式菜谱插画设计，米饭，面条，饺子，小笼包，活力，色彩，丰富，质感，美观，有序，细
节，烹饪，精髓，传统食物，韵味，8K，--ar 3:4。

图2-12　中式菜谱插画

**2** 西式菜谱插画。西式菜谱插画则追求极致的精致与逼真感，运用高超的绘画技艺和细腻的阴影处理，展现菜品的纹理、质感和光影效果。它注重摆盘艺术的呈现，通过合理的构图和布局，营造出菜品的美感和层次感。在元素选择上，西式菜谱插画还会融入现代元素，如时尚的餐具与装饰品，以增添作品的现代感与时尚气息等，如图2-13所示。

图2-13　西式菜谱插画

提示：Western food recipe illustration design, steak, pasta, pizza, hamburger, salad, cake, cream soup, wine, lines, soft, color, exquisite, delicious, tempting, details, cooking, essence, exquisite cuisine, 8K, --ar 3:4。

翻译：西餐食谱插画设计，牛排，意大利面食，比萨饼，汉堡包，沙拉，蛋糕，奶油汤，酒，线条，柔和，色彩，精致的，美味的，诱人的，细节，烹饪，精髓，精致美食，8K，--ar 3:4。

**3** 饮品。饮品插画风格较为广泛，但通常要体现出饮品的清爽明亮。艺术家们巧妙地将水果、冰块、吸管等元素融合于画面中，通过色彩与构图的精心搭配，营造出既生动又富有趣味性的视觉效果，如图2-14所示。

图2-14 饮品插画

提示：fruit beverage, recipe, illustration design, ingredients, garnishes, smooth, elegant, lines, bright, colors, freshness, allure, glasses on the table, container, features, texture, details, deliciousness, delightful enjoyment, 8K, --ar 3:4。

翻译：果汁，配方，插画设计，成分，装饰，流畅的，优雅的，线条，明亮的，色彩，新鲜，诱惑，桌面上的玻璃杯，容器，特征，纹理，细节，美味，令人愉悦的享受，8K，--ar 3:4。

## 2.1.3　儿童绘本插图设计案例

### 第一步：需求分析

设计需求：设计一本儿童绘本插画。

前期可以使用ChatGPT、文心一言等AI工具生成故事主题和画面镜头脚本。这里我们使用的是文心一言。

我　提问一：我是一个儿童绘本大师，想创作一本全新的绘本，请给我三个作品主题和相应的创作来源和思路。

以下是我为你提供的三个作品主题及相应的创作来源和思路。

1. 森林的秘密语言

创作来源和思路：这个作品的主题来源于孩子们对森林的天然好奇心。森林是孩子们经常接触的一种自然环境，其中包含着许多神秘和有趣的事物。例如，森林中的动物都有自己的语言和沟通方式，这些对于孩子们来说都是非常吸引人的。这个作品旨在通过绘本的形式，向孩子们展示森林中的种种奇妙事物，并带领他们探索动物的秘密语言。

2. 星星的神奇旅程

创作来源和思路：这个作品的主题来源于孩子们对宇宙的好奇心。星星是孩子们在夜晚经常能看到的事物，它们在天空中闪烁，引发了孩子们无尽的好奇。如果星星也有它们的旅程呢？它们从哪里来？又将去哪里？这个作品名称旨在通过绘本的形式，向孩子们展示星星的奇妙旅程，并带领他们探索宇宙的奥秘。

3. 小乌龟的大冒险

创作来源和思路：这个作品名称来源于孩子们对冒险的热爱。小乌龟是孩子们喜欢的一种小动物，但它们的故事仅限于《龟兔赛跑》。那么，小乌龟是否也有自己的冒险故事呢？它们在遇到困难时是如何解决的？这个作品旨在通过绘本的形式，为孩子们展示小乌龟的冒险故事，并带领他们体验一次惊险刺激的旅程。

我　提问二：请根据第一个作品补全绘本每一页的故事情节，并分解每一页插画的镜头脚本。

非常好，让我们为第一个作品《森林的秘密语言》创建一页页的故事情节及插画镜头脚本。

故事情节

封面：一个小女孩站在森林里，周围是五彩斑斓的树叶和奇特的森林生物。她的脸上充满好奇，正抬头看着树上的一只小松鼠。小松鼠站在树枝上，也正低头看着她，两者的视线交汇，似乎在传达着某种特殊的信息。标题《森林的秘密语言》用手写体书写，放置在封面的顶部。

第 1 页：小女孩走进了森林，她好奇地四处张望，观察着周围的环境。她走在森林的小路上，周围的大树和各种颜色的树叶在阳光下闪闪发光。

第 2 页：小女孩看到了一只小松鼠在树上跳跃，小松鼠一边跳一边发出"吱吱"的声音。小女孩疑惑地看着它，然后笑了起来，仿佛理解了它的意思。

第 3 页：小女孩在树叶堆里发现了一只小昆虫，它正在用触角轻轻地触碰树叶。小女孩静静观察着，然后学着小昆虫的样子，用手指轻轻地触碰树叶。

第 4 页：小女孩看到了一只小鸟在树枝上唱歌，她好奇地听着，然后也开始唱起了歌。虽然她的歌声可能不如小鸟那么动听，但是她的笑容却像阳光一样温暖。

第 5 页：小女孩在森林里发现了一个小池塘，池塘里有许多小青蛙。小女孩蹲下来观察它们，然后开始模仿它们的叫声"呱呱"。

根据以上内容我们就可以创作一本属于自己的绘本故事。

## 第二步：根据分镜内容进行 AI 素材创作

确定画面风格：儿童绘本插画大师 Lisbeth Zwerger（莉丝白・茨威格）

提示：by Lisbeth Zwerger, illustration, children's picture book, award-winning picture book, --seed 1923450454, --niji 5, --style expressive。

翻译：莉丝白·茨威格，插画，儿童绘本，获奖绘本，--seed 1923450454，--niji 5，--表现力风格。

**1** 生成角色图（包含神态、动作），如图2-15所示。

◎ 生成多种姿势和表情。

◎ 生成4个不同的动作。

◎ 生成4个连续的动作。

◎ 生成人物三视图。

◎ 生成不同的表情包。

提示：three-view drawing, full body, a 6-year-old girl, with long black hair, white skin and big eyes, wearing a red floral skirt, by Lisbeth Zwerger, illustration, children's picture book, award-winning picture book, --ar 16:9, --niji 5, --style expressive, --s 180。

翻译：三视图，全身，一个6岁的女孩，留着长长的黑发，白色的皮肤和大眼睛，穿着红色的花裙子，莉丝白·茨威格，插画，儿童绘本，获奖绘本，--ar 16:9，--niji 5，--表现力风格，--s 180。

如果画面中有小女孩走路的动作，可采用垫图+seed值来提高人物的统一性，如图2-16所示。

| 图2-15　角色图 | 图2-16　垫图+seed值效果图 |

提示：a 6-year-old girl, with long black hair, walking, white skin and big eyes, wearing a red floral skirt, by Lisbeth Zwerger, illustration, children's picture book, award-winning picture book, --ar 16:9, --niji 5, --style expressive, --s 180, --seed 4269731610。

翻译：一个6岁的女孩，留着长长的黑发，正在行走，白色的皮肤和大眼睛，穿着红色的花裙子，莉丝白·茨威格，插画，儿童绘本，获奖绘本，--ar 16:9，--niji 5，--表现力风格，--s 180，--seed 4269731610。

**2** 生成场景。场景依然可以通过seed值来生成，如图2-17所示。适合场景和人物并存的画面。但使用seed值生成的人物不是很一致。

图2-17  人物场景图

提示：a 6-year-old girl, with long black hair, walking on the trail of the forest, the surrounding trees with various colors of leaves sparkled in the sun, by Lisbeth Zwerger, illustration, children's picture book, award-winning picture book, --ar 16:9, --niji 5, --style expressive, --s 180, --seed 4269731610。

翻译：一个6岁的女孩，留着长长的黑发，正漫步在森林的小路上，周围树木的树叶色彩斑斓，在阳光下熠熠生辉，莉丝白·茨威格，插画，儿童绘本，获奖绘本，--ar 16:9，--niji 5，-- 表现力风格，--s 180，--seed 4269731610。

有些复杂的场景和没有人物的场景，由于难以一次性生成，可以先单独生成主要场景作为素材元素，然后再进行合成，如图2-18所示。

图2-18  场景图

提示：a trail of the forest, the surrounding trees and various colors of leaves sparkled in the sun, no person and animal, by Lisbeth Zwerger, illustration, children's picture book, award-winning picture book, --ar 16:9, --niji 5, --style expressive, --s 180。

翻译：森林的小路，周围树木的树叶色彩斑斓，在阳光下熠熠生辉，没有人和动物，莉丝白·茨威格，插画，儿童绘本，获奖绘本，--ar 16:9，--niji 5，--表现力风格，--s 180。

### 第三步：排版和展示

这一步需要用排版软件来完成。这里使用的是 Photoshop。第一页的画面内容如图2-19所示。

图2-19　排版图

图2-20是通过单独生成场景和人物图像，然后进行后期合成得到的。使用这种方法，人物的一致性会很好，但场景和人物的结合度会受制于生成的素材角度。

图2-20　合成图

通过以上的方法你就可以快速创作一本属于自己的绘本。

### 2.1.4 总结及展望

AI绘画技术可以为插画师提供高效、便捷的修图和编辑工具，如自动完成线稿和上色等烦琐的任务，从而显著提升插画师的工作效率。通过深度学习和生成对抗网络等技术，AI可以学习和模仿大量艺术作品，并据此生成新的作品，这为插画师提供了无尽的灵感源泉。AI绘画技术还可以帮助插画师精确实现他们的设计和构思，借助机器学习和神经网络技术，插画师能够更精准地推广自己的作品和设计，同时不断地拓宽他们的视野和创新思路。

然而，AI绘画技术也存在局限性，它难以产生真正独特和创新的创作。AI绘画仅能根据已有的数据和算法生成图像，难以传达情感和深层次的意义。此外，AI绘画高度依赖于训练数据的质量和多样性。如果训练数据缺乏多样性或存在偏差，AI绘画生成的作品可能会受到限制，缺乏创新和多样性。

为了充分发挥AI绘画技术在书籍插画领域的优势，我们可以通过改进算法、增加数据多样性等方式，来提升AI绘画的创造力和原创性。

## 2.2 漫画

漫画是一种深受大众喜爱的艺术形式，它通过图像和文字的巧妙结合，构建出引人入胜的故事情节和鲜活的人物形象。漫画拥有悠久的历史，最早可以追溯到古代的壁画和石刻，而现代漫画则以更加丰富多样的形式出现，吸引了大量读者。

根据不同的风格和表现形式，漫画可以分成多种不同的类型。按照风格，漫画可以分为日本漫画、欧美漫画、中式漫画等；按照形式，漫画可以分为单幅漫画、四格漫画、短篇漫画、长篇连载漫画。按照读者群体，漫画可以分为儿童漫画、少年漫画、少女漫画、青年漫画、女性漫画、成人漫画。按照题材，漫画可以分为科幻漫画、奇幻漫画、灾难漫画、肖像漫画、运动漫画、推理漫画、历史漫画、武侠漫画、烹饪漫画、恋爱漫画、校园漫画等。

通过使用机器学习和深度学习技术，AI可以学习并模拟人类画家的笔触和风格，从而绘制出令人惊叹的漫画作品。

相较于传统的手绘漫画，AI漫画具有以下优点。

◎ 效率高：AI绘画技术能够快速地绘制大量漫画作品，同时重复使用已经学习的技法和风格，从而极大地提高画家的创作效率。

◎ 精度高：AI绘画技术能够精确地模拟人类画家的笔触和线条，从而绘制出逼真且生动的漫画作品。

◎ 易于修改和调整：AI绘画技术既可以通过算法自动检测和修正错误，也可以对绘制结果进行调整和优化，从而使漫画作品更加完美。

### 2.2.1 AI漫画通用魔法公式

**通用魔法公式：漫画类型 ＋ 人物和场景 ＋ 氛围描述 ＋ 风格提示**

核心提示：漫画（comics）。

辅助提示：日本漫画（Japanese manga），美国漫画（American comics），欧洲漫画（European comics），黑白（black and white），线条艺术风格（line art style），古代水墨风格（ancient ink style）。

## 2.2.2　AI 漫画效果展示

### 1. 地域分类

**1** 日本漫画（多以黑白为主），其中眼睛的细节和表现力是其非常重要的元素之一，如图2-21所示。同时，日本漫画还极其注重动态感，通过流畅的线条和姿势来表现角色的动作。日本漫画界有许多的代表性漫画家，如手冢治虫、高桥留美子、武内直子等。其中，手冢治虫被誉为"日本漫画之神"，他创作了《铁臂阿童木》等经典作品，对日本漫画的发展产生了深远的影响。

图2-21　日本漫画

提示：Japanese manga，boy，line art style，storyline，Eiichiro Oda，8K，--ar 3:4。

翻译：日本漫画，男孩，线条艺术风格，故事情节，尾田荣一郎，8K，--ar 3:4。

**2** 美国漫画。如图2-22所示，美国漫画作品大多为彩色，其画风多样，既包括线条简洁明了的卡通画风，又涵盖硬派写实画风，代表性画家有杰克·柯比（Jack Kirby）、斯坦·李（Stan Lee）等，杰克·柯比是美国漫画界的传奇人物之一。杰克·柯比创作了许多经典的超级英雄角色，这些角色出现在《X战警》《复仇者联盟》等作品中。斯坦·李是美国著名的漫画作家、编辑和出版商，斯坦·李与杰克·柯比紧密合作，共同创作了众多经典的漫画角色，如蜘蛛侠、钢铁侠等。

图2-22　美国漫画

提示：American comics, superheroes, characters, superpowers, courage, dynamic, battle scenes, storylines, evil forces, struggles, adventures, excite, justice, mission, 8K, --ar 3:4。

翻译：美国漫画，超级英雄，人物，超能力，勇气，动态，战斗场景，故事情节，邪恶势力，斗争，冒险，刺激，正义，使命，8K，--ar 3:4。

**3** 欧洲漫画。欧洲漫画画面和装帧十分精美，流露出一种精英艺术气质，如图2-23所示。其绘画周期较长，以彩色为主，代表性漫画家有埃尔热（Hergé）。他是比利时人，创作了著名的冒险系列漫画《丁丁历险记》，被誉为欧洲最重要的漫画家之一，如图2-23所示。

图2-23　欧洲漫画

提示：European comics, castle cultural elements, artistic styles, illustrations, scenes, character designs, storylines, expression of emotions, plots, character relationships, humorous, comedy, war, emotional experiences, reflection, 8K, --ar 3:4。

翻译：欧洲漫画，城堡文化元素，艺术风格，插画，场景，人物设计，故事情节，情感表达，情节，人物关系，幽默的，喜剧，战争，情感体验，反思，8K，--ar 3:4。

**4** 中国香港漫画。如图2-24所示，中国香港漫画作品通常以武侠小说、流氓生涯（或黑帮题材）和打斗场面为题材，如《龙虎门》、《神兵玄奇》等经典作品。此外，也有不少喜剧作品，如《老夫子》、《牛仔》、《麦兜》等，这些作品为读者带来了欢笑与轻松。如今，中国香港漫画大多以彩色形式呈现，色彩鲜艳，视觉效果丰富。在这一领域内，代表性的漫画家有王泽、马荣成和黄玉郎等。

图2-24　中国香港漫画

提示：Hong Kong comics, Dragon Tiger Gate, martial arts sect, story, visuals, plotlines, disciples of Dragon Tiger Gate, training, battles, growth, martial arts scenes, confrontations, charm, chivalry, 8K, --ar 3:4。

翻译：香港漫画，龙虎门，武术门派，故事，视觉效果，情节线，龙虎门弟子，训练，战斗，成长，武术场景，对抗，魅力，侠义，8K，--ar 3:4。

### 2. 题材分类

**1** 科幻漫画。如图2-25所示，科幻漫画通常会描绘未来世界中的高科技设备、机器人、太空飞船等，注重细节和创意，以表现未来科技的先进和独特之处。代表性漫画家有法国的让·吉罗（Jean Giraud）和日本的士郎正宗（Masamune Shirow）等。让·吉罗是法国著名的科幻漫画画家和插画家，他以其独特的艺术风格和创造力而闻名，其经典作品包括《蓝莓上尉》、《阿扎克》等。士郎正宗是日本漫画家和插画家，他以其对未来科技和人机融合的探索而闻名。其作品《攻壳机动队》被广泛认为是科幻漫画的经典之一。

图2-25 科幻漫画

提示：science fiction comics, futuristic technology, cosmic wonders, space scenes, technological devices, extraterrestrial beings, storyline, visual effects, mysteries of the universe, alien civilizations, end of the world, imagination, contemplation, future world, 8K, --ar 3:4。

翻译：科幻漫画，未来科技，宇宙奇观，太空场景，科技装置，外星人，故事情节，视觉效果，宇宙之谜，外星文明，世界末日，想象力，沉思，未来世界，8K，--ar 3:4。

**2** 灾难漫画。如图2-26所示，灾难漫画通常会描绘灾难发生的环境，如破坏的城市、倒塌的建筑物、火灾、洪水等，注重细节和逼真度，以表现灾难场景的恐怖和破坏力。

图2-26 灾难漫画

提示：disaster comics, Earth's doomsday, catastrophic events, ruins, flames, dire situations, intense and thrilling, natural disasters, man-made catastrophes, tension, fear, line art style, shadows, contrast, visual effects, storyline, 8K, --ar 3:4。

翻译：灾难漫画，地球末日，灾难性事件，废墟，火焰，危急情况，紧张刺激的，自然灾害，人为灾难，紧张，恐惧，线条艺术风格，阴影，对比度，视觉效果，故事情节，8K, --ar 3:4。

**3** 肖像漫画。肖像漫画常常会使用夸张的手法来表达人物的特点和情感。它通过夸大人物的眼睛、嘴巴、鼻子等的某些特征，来强调其个性和特征，增加作品的趣味性和独特性，如图2-27所示。

图2-27 肖像漫画

提示：Caricature, boy, exaggerated, humorous, funny, Sebastian Kruger, 8K, --ar 3:4。

翻译：肖像漫画，男孩，夸张的，幽默的，有趣的，塞巴斯蒂安·克鲁格，8K, --ar 3:4。

**4** 运动漫画。运动漫画注重描绘运动场景和动作，通过流畅的线条和姿势来展现角色的运动技巧和力量感。在运动漫画中，动态表现要求准确、有力，能够展现运动的速度和紧张感；视角选择非常重要，它可以突出运动的动感和冲击力，如图2-28所示。

提示：sports comics, Slam Dunk, basketball games, players, sprinting, jumping, dunking, power of sports, line art style, storyline, Takehiko Inoue, 8K, --ar 3:4。

翻译：体育漫画，灌篮高手，篮球游戏，球员，短跑，跳跃，扣篮，运动的力量，线条艺术风格，故事情节，井上雄彦，8K, --ar 3:4。

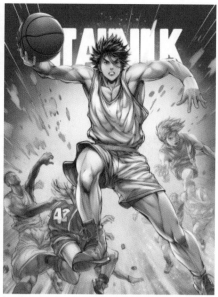

图2-28 运动漫画

**5** 推理漫画。推理漫画中的角色形象设计需要注重细节和个性化，角色的外貌、服装和表情都与其角色设定相符，并能够反映出其推理能力和性格特点。在背景绘制方面注重细节和氛围营造，如案发现场、调查地点等，以增加故事的真实感和可信度，同时为读者提供线索和提示，如图2-29所示。

图2-29 推理漫画

提示：black and white detective comics, companions, complex cases, mystery, deduction, line art style, storyline, by Aoyama Gōshō, 8K, --ar 3:4。

翻译：黑白侦探漫画，同伴，复杂案件，悬疑，演绎，线条艺术风格，故事情节，青山刚昌，8K，--ar 3:4。

**6** 历史漫画。如图2-30所示，在历史漫画中，角色形象和场景通常被绘制得非常细腻，并且要求角色的服饰与当时的时代背景相符合。代表性画家有井上雄彦、森恒二等。井上雄彦的作品《浪客行》是以日本战国时代剑豪宫本武藏为原型创作的历史漫画，其以精美的画风和细腻的人物刻画而闻名。森恒二的作品《王者天下》是一部以中国战国时代为背景的历史漫画，通过对历史事件和人物的再现，展现了那个时代的风云变幻。

图2-30 历史漫画

提示：historical comics，Chang Ge Xing，ancient Chinese history，black and white，line art style，ancient ink style，storyline，8K，--ar 3:4。

翻译：历史漫画，《长歌行》，中国古代历史，黑白，线条艺术风格，古代水墨风格，故事情节，8K，--ar 3:4。

**7** 武侠漫画。武侠漫画注重描绘武打场景和动作，通过流畅的线条和姿势来展现角色的武术技巧和战斗动态。武侠漫画中经常出现各种武器和道具，如剑、刀、扇等，这些物品的绘制需要注重细节和造型设计，以展现其独特的特点和功效。此类漫画还强调运用背景、色彩和光影来营造独特的氛围，如江湖风云、古代建筑、山水风景等，使读者感受武侠世界的古老和神秘，如图2-31所示。

提示：martial arts comic book，The Legend of the Condor Heroes，martial arts world，martial arts heroes，weapons，battle scenes，thrilling，8K，--ar 3:4。

翻译：武侠漫画，《射雕英雄传》，武侠世界，武侠英雄，武器，战斗场景，惊险的，8K，--ar 3:4。

图2-31　武侠漫画

**8** 烹饪漫画。烹饪漫画通常需要细致入微地描绘食材、厨具和烹饪过程，以展现食物的诱人之处。为了突出食物的色彩和质感，烹饪漫画通常使用丰富多彩的色彩，使读者在视觉上享受盛宴，并激发食欲。同时，烹饪漫画还会使用动态的线条和动作来表现烹饪过程中的每一个步骤和流程，让读者仿佛身临其境，感受食物的制作过程和变化，如图2-32所示。

图2-32　烹饪漫画

提示：cooking comic book, Delicious Challenge, chefs, cooking contest, food, colors, aromas, flavors, knife work, creative culinary creations, thrilling, line art, cartoon style, 8K, --ar 3:4。

翻译：烹饪漫画书，《美味大挑战》，厨师，烹饪比赛，食物，颜色，香气，口味，刀工，创意烹饪创作，紧张刺激的，线条艺术，卡通风格，8K，--ar 3:4。

**9** 校园漫画。校园漫画讲究画面简洁明快，旨在迅速展现情节并描绘角色的动作和表情。通过构思有趣的情节和对白，使读者在阅读过程中享受乐趣；通常使用鲜艳明亮的色彩、简约的背景，注重表现角色和情节；通常运用对话框、气泡、速度线等漫画元素，来增强画面的表现力和叙事效果，如图2-33所示。

图2-33 校园漫画

提示：school life comic book, Honey Lemon Carbonated Water, student, school, youth, innocence, beauty, watercolor style, 8K, --ar 3:4。

翻译：学校生活漫画书，《蜂蜜柠檬碳酸水》，学生，学校，青春，纯真，美丽，水彩风格，8K，--ar 3:4。

## 2.2.3 校园漫画设计案例

### 第一步：需求分析

设计需求：设计一组校园漫画。

前期可以使用ChatGPT或文心一言等AI工具生成漫画故事内容和画面脚本镜头。这里我们使用的是文心一言。

> 我 提问一：帮我生成一个校园漫画的故事情节。

校园漫画的故事情节往往围绕学生的生活、友情和成长等方面展开。以下是一个简单的校园漫画情节示例。

在阳光中学,有一个叫小明的高中生。小明是一个学习努力、性格内向的孩子。小红是一个活泼开朗、善良可爱的女孩,她总是能够吸引周围人的注意。

一天,小明在回家的路上捡到了一只受伤的小猫,他把小猫带回家并照顾它。几天后,小猫的伤口痊愈了,它成了小明的好朋友。小明发现,照顾小猫让他变得更加自信和有爱心。

在学校里,小明和小红所在的班级要参加一场合唱比赛。小明鼓起勇气邀请小红一起参加,小红同意了。在比赛的准备过程中,小明和小红一起练习、讨论,他们之间的交流越来越多。

在比赛当天,小明和小红所在的班级获得了第一名的好成绩。小明感到很高兴,他知道这个胜利不仅是归功于他和小红的努力,更是因为他们之间的友情和合作。

> 提问二:帮我根据上述故事情节生成对话内容。

好的,以下是基于上述故事情节的对话内容。

镜头1:阳光中学的外观,学生在校园里走动。
旁白:在阳光中学,有一个叫小明的高中生。

镜头2:教室,小明坐在课桌前看书,脸上带着微笑。
小明(心想):小红性格真开朗,如果能和她成为朋友该多好。

镜头3:教室,小红和朋友聊天,笑声不断。
小红(对朋友):小明学习真好,我要向他学习。

镜头4:小明在回家的路上,发现一只受伤的小猫。
小明(对小猫):你怎么了?别怕,我会带你回家的。

镜头5:小明把小猫带回家,并照顾它。
小明(对小猫):你要快点好起来哦,我会一直陪着你的。

镜头6:几天后,小猫的伤口痊愈了,它和小明一起玩耍。

根据以上内容提炼属于自己的漫画故事。

### 第二步:根据分镜内容进行AI素材创作

**1** 确定漫画风格。校园漫画一般是动漫风格,这里选择的是Midjourney里的niji动漫风格,如图2-34所示。

**2** 生成漫画主角人物形象,追加对主角外貌特征的提问。

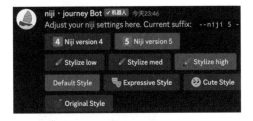

图2-34 确定漫画风格

> 提问三:请分别描述小明和小红的外貌特征。

小明是一个内向而勤奋的高中生,他留着一头乌黑的短发,有一双细长而有神的眼睛,总是给人一种安静且沉稳的感觉。他常常穿着简单的衬衫和牛仔裤,搭配一双干净的白色运动鞋。

小红是一个活泼开朗、善良可爱的女孩,有一头中等长度的卷发,长着一双又大又明亮的眼睛。她喜欢穿色彩鲜艳的衣服,搭配一双时尚的运动鞋。

根据以上男女主角的特征进行漫画角色的制作，具体效果可根据自己的想法进行修改，如图2-35和图2-36所示。

图2-35　男主角角色设定

提示：school life comic book, a 15-year-old high school boy, wear uniforms, --ar 4:3, --niji 5, --s 180。

翻译：学校生活漫画书，15岁高中男生，穿着校服，--ar 4:3, --niji 5, --s 180。

图2-36　女主角角色设定

提示：school life comic book, a 15-year-old high school girl, wear uniforms, --ar 4:3, --niji 5, --s 180。

翻译：学校生活漫画书，15岁高中女生，穿着校服，--ar 4:3, --niji 5, --s 180。

**3** 生成漫画素材。漫画素材生成可以通过添加seed值和调整相应提示来实现，如图2-37和图2-38所示。

提示：https://s.mj.run/dKSYx3BbdlQ in the classroom, a 15-year-old girl chatted with her friends, laughing constantly, --niji 5, --s 180, --seed 1763427829。

翻译：图片链接，教室里，一个15岁的女孩和她的朋友聊天，笑声不断，--niji 5，--s 180，--seed 1763427829。

图2-37　女主角画面效果

提示：https://s.mj.run/FYUcBfX-Mss in the classroom, a 15-year-old boy is sitting at his desk reading a book, with a smile on his face, --niji 5, --s 180, --seed 1332319892。

翻译：图片链接，教室里，一个15岁的男孩坐在书桌前看书，脸上带着微笑，--niji 5，--s 180，--seed 1332319892。

图2-38　男主角画面效果

场景图的制作根据分镜的具体描述去提炼相应的关键词即可，如图2-39所示。

图2-39 场景图效果

提示：middle school buildings，students walking around campus，sunshine，--ar 4:3，--niji 5，--s 180。

翻译：中学大楼，学生在校园里行走，阳光明媚，--ar 4:3，--niji 5，--s 180。

**第三步：排版和展示**

这一步需要使用排版软件来完成，这里使用的是Photoshop。前三页的画面内容如图2-40所示。

图2-40 漫画合成效果

通过以上方法你就可以快速创作一本属于自己的漫画作品。

## 2.2.4　总结及展望

展望未来，随着AI技术的不断发展和应用，AI绘制漫画将会越来越普及。例如，我们可以利用AI绘画技术来将手绘漫画转换成数字漫画，或者将漫画制作成动态漫画、短视频等形式。此外，AI绘制漫画也将成为艺术家的得力助手，帮助他们提升创作效率和质量。

总之，AI绘制漫画是未来的发展趋势。相信在不久的将来，我们将看到更多精彩的作品和技术创新。

# 2.3　包装插画

包装插画指的是用于商品包装上的插图设计，其目的在于吸引消费者的注意力，并传递产品的特点和品牌形象。根据商品的不同，包装插画的设计风格和主题也会有所不同，因此，包装插画的分类和特点也会因商品和设计者的理解而有所差异。

传统的包装插画设计需要设计师人工绘制，这通常会耗费大量的时间和精力。然而，随着AI绘画技术的进步，包装插画的设计也开始结合AI工具进行绘制。AI绘画可以通过学习大量的包装插画样本，分析其特点和风格，然后生成具有类似风格的插画作品。设计师可以利用AI工具快速获得符合需求的插画作品，从而大大提高设计效率。

在利用AI工具绘制包装插画时，有几个注意事项。首先，需要确定插画的主题和风格，这可以基于商品的特点和目标消费者的喜好来确定。其次，需要充分利用AI工具进行学习和模拟，以提高生成插画的质量和效率。最后，设计师在利用AI工具进行创作时，应发挥其审美能力和判断力，指导AI工具更好地进行创作。

AI包装插画有以下优点。首先，它可以显著提高设计的效率，减少人工绘制的时间和成本。其次，通过AI绘画工具生成的插画作品，往往具有更高的质量和精度，能够更好地吸引消费者的注意力。最后，AI绘画工具还可以帮助设计师更好地理解消费者的需求和市场趋势，从而创作出更符合市场需求的包装插画。

## 2.3.1　AI包装插画通用魔法公式

**通用魔法公式：包装形式 ＋ 包装风格 ＋ 包装色彩 ＋ 包装材质 ＋ 渲染风格**

核心提示：包装设计（packaging design）

辅助提示：瓶子和盒子（bottles and boxes），罐头（cans），袋子（bags），香水瓶（perfume bottles），未来高科技（future high-tech），简约又有趣的（simple yet fun），热带的（tropical），浅米色（light beige），浅蓝色和琥珀色（light blue and amber），暖色（warm colors）。

## 2.3.2　AI包装插画效果展示

### 1. 单色包装插画

单色包装插画主要使用单色，能够体现出产品的独特性。少量的色块和单色插画的结合，以及适当的文字排版，都符合当下的极简风格。这样的设计既能节约一定的成本，又能减少印刷色差，如果搭配上合适的产品，会使得包装更加具有艺术感，显得简洁大方，如图2-41所示。

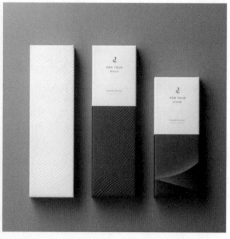

图2-41　单色包装插画

提示：tea packaging design, monochromatic line design style, black and white printing, clean, elegant, quality, purity, minimalist style, exquisite, appearance, details, texture, visual delight, product package photography, 8K。

翻译：茶叶包装设计，单色线条设计风格，黑白印刷，干净的，优雅的，品质，纯粹，简约风格，精致，外观，细节，质地，视觉愉悦，产品包装摄影，8K。

## 2. 有线平涂包装插画

有线平涂包装插画是最常见的一种插画类型，具有线条清晰、平面感强、色彩鲜艳、细节简化的特点，通常以手绘为基础，以颜色和文字作为辅助元素。这种设计能很好地呈现插画的具体内容，如图2-42所示。

图2-42　有线平涂包装插画

提示：coffee packaging design, Sailor Moon-inspired style, blue, purple, plastic material, cute, vibrant, patterns, cartoon characters, charm, color palette, romantic, mysterious, product package photography, 8K。

翻译：咖啡包装设计，美少女战士风格，蓝色，紫色，塑料材质，可爱的，鲜艳的，图案，卡通人物，魅力，调色板，浪漫的，神秘的，产品包装摄影，8K。

### 3. 无线平涂包装插画

无线平涂包装插画通常以简洁的色块和渐变色彩来表现物体的形状和纹理，如图2-43所示。与有线平涂包装插画相似，无线平涂包装插画也注重插画的平面感。

图2-43 无线平涂包装插画

提示：chocolate packaging design, wireless flat coating, brown, yellow, plastic material, smooth, seamless, premium look, texture, warm, enticing, freshness, product package photography, 8K。

翻译：巧克力包装设计，无线平涂，棕色，黄色，塑料材质，光滑的，无缝的，优质外观，质地，温暖的，诱人的，新鲜，产品包装摄影，8K。

### 4. 涂鸦包装插画

涂鸦包装插画是一种自由、随性的绘画形式，它以其独特的个性表达和不受传统绘画规范束缚的特点而著称。这种艺术形式强调手绘感，通过直接、即兴的笔触展现创作者的内心世界和情感态度。涂鸦插画中常见文字、符号、图形等元素。这些元素的运用可以创造出丰富多样的视觉效果，增强插画的趣味性和视觉冲击力，如图2-44所示。

图2-44 涂鸦包装插画

提示：soda beverage packaging design, graffiti style design, yellow, red, aluminum material, fun, vibrant, patterns, lines, youthfulness, trendiness, bright, passionate, freshness, drinking experience, product package photography, 8K。

翻译：碳酸饮料包装设计，涂鸦风格设计，黄色，红色，铝材质，有趣的，活力，图案，线条，青春，时尚，明亮的，热情的，清新，饮用体验，产品包装摄影，8K。

### 5. 传统手绘（素描、水彩、油画等）包装插画

传统手绘包装插画是以平面绘制为主要技术手段的动画创作方式，如图2-45所示。

图2-45　传统手绘包装插画

提示：red wine packaging design, traditional hand-drawn, sketch, paper, glass material, artistic, vintage touch, lines, shading effects, quality, historical heritage, rustic, natural, transparent, delicate, freshness, visual and tactile experience, product package photography, 8K。

翻译：红酒包装设计，传统手绘，素描，纸张，玻璃材质，美感，复古感，线条，底纹效果，品质，历史传承，质朴，自然，透明，精致，清新，视觉触觉体验，产品包装摄影，8K。

### 6. 矢量几何包装插画

矢量几何包装插画以其独特的简洁性、清晰度和无限可缩放性（不失真）著称，这些特性不仅彰显了设计师的创意与想象力，还赋予了作品极强的适应性和灵活性。无论是在纸质包装、塑料包装还是数字媒体平台上，矢量几何包装插画都能够展现出独特的魅力和表现力。这种适应性使得其在多样化的市场和领域中都能够得到广泛的应用，如图2-46所示。

提示：soap packaging design, vector geometric style, white, colorful, paper packaging, modern, stylish, lines, geometric shapes, clean, pure, energetic, playful, product packaging photography, 8K。

翻译：肥皂包装设计，矢量几何风格，白色，多彩的，纸包装，现代的，时尚的，线条，几何形状，干净的，纯粹的，充满活力的，俏皮的，产品包装摄影，8K。

图2-46 矢量几何包装插画

### 7. 写实厚涂包装插画

写实厚涂包装插画是一种高度追求细节和真实感的艺术风格，强调画面的细腻刻画与逼真呈现，同时展现出丰富的层次感和精准的色彩还原能力。该风格通过使用厚涂的绘画技法使插画显得逼真、立体和有触感，给人一种沉浸感和触摸感，增强观众对插画作品的亲近感，如图2-47所示。

图2-47 写实厚涂包装插画

提示：milk packaging design, realistic thick coating style, animal, bule paper, glass packaging materials, grandeur, nobility, elegance, luxurious, dignified, product package photography, 8K。

翻译：牛奶包装设计，逼真厚涂风格，动物，蓝纸，玻璃包装材料，宏伟，高贵，优雅，豪华的，端庄的，产品包装摄影，8K。

### 8. IP人物包装插画

IP人物包装插画的特点在于其以人物为主要表现对象，注重情感表达，追求独特性和个性化，以及运用丰富的色彩来营造童趣氛围和表现情感，如图2-48所示。

图2-48　IP人物包装插画

提示：hamburger packaging design, monochromatic IP character image style, cute boy, red, paper packaging material, vibrancy, liveliness, simple, adorable, product package photography, 8K。

翻译：汉堡包包装设计，单色IP角色图像风格，可爱男孩，红色，纸质包装材料，活力，生动性，简约的，讨人喜欢的，产品包装摄影，8K。

### 9. 故事场景包装插画

故事场景包装插画以其独特的故事性为核心，通过营造丰富的情境体验，不仅深刻传达了文化内涵，还展现了高度的创意性。这些特性使得故事场景包装插画能够更好地吸引消费者的注意力并激发兴趣，还能够显著提升产品的文化附加值，增强品牌形象的市场认知度，从而有效实现品牌营销的战略目标，如图2-49所示。

图2-49　故事场景包装插画

提示：Palace Museum cultural and creative packaging design, scene illustration style, red, gold, traditional patterns, wood material, vivid, delicate, magnificence, historical heritage, luxurious, dignified, natural, warm, texture, uniqueness, cultural experience, product package photography, 8K。

翻译：故宫博物院文创包装设计，场景插画风格，红色，金色，传统图案，木质材质，生动的，精致的，宏伟壮丽，历史文化传承，奢华的，庄重的，自然的，温馨的，质感，独特，文化体验，产品包装摄影，8K。

## 2.3.3　包装插画设计案例

### 第一步：需求分析

设计需求：设计一个果汁产品包装，产品面向年轻消费群体。

前期可以借助类似ChatGPT的工具来生成设计方案，这里以文心一言进行展示。

> 我　提问一：我想设计一款主打健康的果汁产品包装，产品面向年轻消费者，请给我3个设计方案。

> ◎　当然可以，以下是3个关于健康果汁产品包装的设计方案。
>
> 1. 清新自然风格
> 这款包装设计应围绕自然元素如森林、海滩等展开，彰显产品源自大自然的纯净与优势。色彩搭配上，可以选用绿色、蓝色等清新自然的色调，既契合健康果汁的核心理念，又能吸引年轻消费者的目光。包装形态上，可以选择简洁的几何形态或可循环利用的设计，以凸显产品的环保理念。
>
> 2. 活力和运动风格
> 针对年轻人活力四射的特点，你可以选择采用运动元素或富有活力的图案设计，如生动的水果和蔬菜形象，以突出产品的健康和活力属性。颜色方面，可以选择红色、橙色等鲜艳的色彩，以表现产品的活力。同时，也可以在包装上加入流行的运动元素，如健身器材、瑜伽垫等，以增强与目标消费者的情感连接。
>
> 3. 科技健康风格
> 这款设计旨在彰显科技感和现代感，通过简洁流畅的线条和现代感十足的字体，直观体现产品的科技底蕴。你可以在包装上融入动态的图形或图案，如心电图波形、数据图表等，以凸显产品的健康和科技特点。此外，还可以在包装上加入智能元素，如QR码或小程序链接，方便消费者了解更多产品信息。

> 我　提问二：将第一个方案细化成一个专业的包装设计方案。

> ◎　好的，以下是细化后的方案，这是一个主打清新自然风格的健康果汁包装设计方案。
>
> 1. 图形设计
> 在包装上采用自然流畅的线条勾勒出树叶、枝条、花朵等自然元素，形成一种抽象而富有艺术感的图案，既凸显了产品天然健康的特点，又具有艺术美感。这些线条可以构成底纹，作为包装的主要背景元素，用以增强视觉效果。
>
> 2. 色彩设计
> 以绿色和白色为主色调，象征自然和清新。绿色可以突显水果和蔬菜的新鲜和天然，白色则能突显果汁的纯净。此外，可以在包装的局部使用一些淡雅的水果或植物的颜色作为点缀，如橙色、蓝色等，形成色彩上的层次感。
>
> 3. 材质设计
> 应选择环保可降解的材料，如生物降解塑料或纸质包装，以突出产品的环保理念。同时，为了增强触感的舒适度，可以在包装表面添加轻微的磨砂质感，让消费者在触摸时能感受到自然的气息。
>
> 4. 字体设计
> 使用简洁、现代的字体，以白色为主，与包装的整体色调和谐统一。在产品名称和关键信息上，可以选择大而醒目的字体，以便消费者在第一时间获取产品信息。

我 提问三：请根据细化方案给我 3 个不同风格的包装插画设计方案。

好的。

1. 自然元素风格

这种风格聚焦于自然元素，如树叶、花朵、果实及动物等，可以运用细腻的线条和丰富的色彩，将自然界的美丽与和谐展现出来。例如，用一丛鲜嫩的树叶环绕果汁瓶身，或以小鸟、蝴蝶形态设计为瓶子的把手，增强包装的趣味性和原生态感。

2. 抽象几何风格

这种风格以抽象的几何图形为核心，通过运用不同大小、形状和颜色的几何图形，创造出独特的视觉效果。它运用清新自然的颜色，将几何图形组合成自然元素的形状，如用绿色和蓝色的几何图形组合成树叶或花朵的形状，来表现产品天然健康的特点。

3. 手绘插画风格

这种风格强调自由的手绘表现力，通过运用自由的笔触和自然的色彩搭配，创造出独特的艺术效果。它运用轻松自然的手绘方式，将自然元素和几何图形结合在一起，如用自然的笔触勾勒出树叶、花朵的形状，并巧妙融入手绘的几何图形，既彰显了产品的天然健康属性，又带有一些科技感的现代气息。

根据以上信息我们就可以提炼出一些自己想要的设计关键词。

风格：抽象几何图形。

主题元素：水果、树叶、花朵。

色调：绿色、白色。

材质：环保纸质。

**第二步：确定包装视觉基调**

根据提炼的设计关键词生成一些创意视觉方案，并反复进行尝试，直到生成满意的方案为止，如图 2-50 所示。

图 2-50 包装视觉效果

提示：fruit juice packaging design，vector geometric style，leaves，branches，flowers，green，white，paper material，natural and healthy，product package photography，8K。

翻译：果汁包装设计，矢量几何风格，叶子，树枝，花朵，绿色，白色，纸质材料，天然健康，产品包装摄影，8K。

确定好自己想要的包装视觉方案后，再单独生成包装插图图案，此时只需要去掉包装设计的提示即可，如图2-51所示。

图2-51　包装插画图案

### 第三步：包装产品落地展示

读到这里大家可能有个疑问，插画做好了，怎样将其运用到包装盒上呢？接下来我们就一步步地实现自己的设计方案吧。

**1** 进入包小盒网站，选取满意的包装模型，如图2-52所示。

图2-52　包装模型展示

**2** 进入设计页面进行排版设计，如图2-53所示。

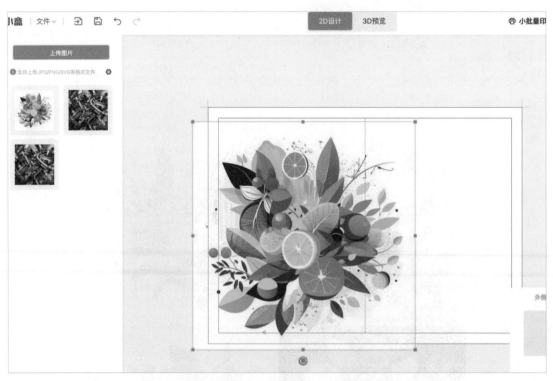

图2-53  排版设计

**3** 进行场景渲染，展示图如图2-54所示。

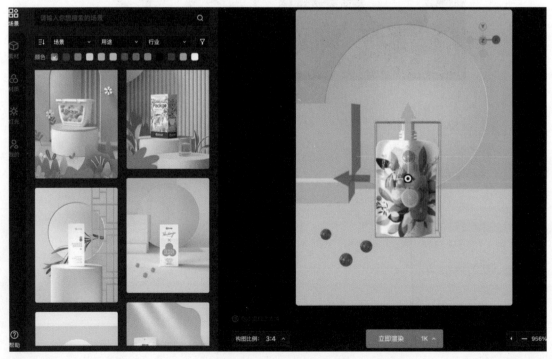

图2-54  场景渲染

**4** 最终效果展示。最终的包装效果如图2-55所示。

### 2.3.4　总结及展望

AI在理解和模拟人类创造力方面仍面临显著局限性。首先，尽管AI能够学习和模仿大量的艺术作品，但它缺乏真正理解艺术家创新思维和情感表达的能力。这导致AI生成的作品往往缺乏真正的创造力和独特性。其次，AI在绘制包装插画时对训练数据的质量和多样性有极高的要求。如果训练数据不足或存在偏差，AI生成的作品可能会显得单调、缺乏创新，甚至可能反映出偏颇和歧视的问题。因此，如何获取高质量且多样化的训练数据，成了AI绘制包装插画面临的重要挑战。

尽管面临这些挑战和限制，AI绘制包装插画仍然具有广阔的

图2-55　最终包装效果展示

发展前景。随着技术的不断进步和应用场景的日益拓展，AI绘制包装插画将变得更加普及和实用。未来，我们有望借助AI技术将手绘包装插画转化为数字包装插画，或利用AI技术将包装插画制作成动态漫画、短视频等新型媒介。这些新的应用场景将为AI绘制包装插画带来更多的发展机遇和成长空间。

# 2.4　结束语

综上所述，AI绘画技术为插画师群体开辟了一条更为便捷、创作资源更为丰富且效率显著提升的创作路径。同时，它也极大地丰富了广告、杂志、书籍等媒介的视觉呈现方式，为这些领域提供了前所未有的选择空间和创意潜力。诚然，当前的AI绘画技术仍面临一定的局限性和挑战，但随着科技的持续进步与应用边界的不断拓展，AI绘画将在未来发挥更加重要的作用，为我们带来更多的创新和惊喜。

第 3 章

# AI 绘画在营销
# 领域的应用

## 本章导读

营销领域的范畴极为广泛，其核心要素涵盖以下几个方面。

◎ 产品营销：涵盖了产品的全生命周期管理，包括设计、开发、生产、定价、分销以及促销等环节。在这个过程中，需要研究消费者的需求和偏好，然后针对这些需求和偏好来设计产品。

◎ 品牌营销：涉及如何建立和提升品牌的认知度、忠诚度和形象等。在这个过程中，AI绘画等创新工具被用于增强品牌的认知度和吸引力。

◎ 销售策略：聚焦于如何将产品有效推向目标市场。采用多样化的销售渠道和策略，其中AI绘画技术有助于提升销售宣传的创意与效果。

◎ 促销策略：通过策划并执行各种促销活动来刺激销售额增长和市场份额提升。AI绘画在此环节中可助力快速生成高质量的促销材料，如海报、宣传册等。

◎ 数字营销：利用数字技术精准触达并吸引目标受众。AI绘画技术在此领域大显身手，为网站设计、社交媒体内容创作及电子邮件营销提供丰富多样的视觉素材。

AI绘画在营销领域的应用特点主要体现在以下几个方面。

◎ 制作效率高：AI绘画技术可以快速生成符合需求的营销方案，大大提高制作效率。

◎ 成本低：因为AI绘画不需要大量的人力投入，减少了人力成本，所以可以降低总体制作成本。

◎ 精准传达品牌形象：AI绘画能够依据品牌形象和需求，迅速生成符合要求的插画内容，更好地传达品牌形象。

◎ 表现形式多样：AI绘画可以根据不同营销场景的需求，生成多样化的插画内容，更好地满足品牌营销的多样化需求。

AI绘画在海报设计中的应用特点如下。

AI绘画在海报设计中可以发挥重要作用。AI绘画技术能够迅速生成具有艺术感的图形元素，从而显著提升海报设计的质量和制作效率。例如，AI绘画可以通过分析大量的艺术作品，学习不同的艺术风格和技巧，然后将其应用于海报设计中。此外，AI绘画还可以根据输入的文本或图像内容，自动生成与之相关的视觉元素，为设计师提供更多的创意灵感。

AI绘画在Logo（商标或标志）设计中的应用特点如下。

◎ 降低设计成本与学习门槛：AI绘画简化了Logo设计的复杂流程，降低了非专业用户的使用难度和学习成本，使非专业用户也能轻松上手。

◎ 促进跨界合作：AI绘画技术为艺术家、创意机构与企业之间的合作提供了新平台，通过将科技与艺术进行巧妙结合，创作出独具特色的品牌符号，深化品牌记忆点。

本章我们将结合海报设计及品牌设计实例，深入探讨AI绘画在营销领域的应用。

## 3.1 海报设计

海报设计是一种视觉表现形式，它可以通过版面的构成在第一时间内吸引人们的目光，使其瞬间获得视觉冲击，并以恰当的形式向人们传递宣传信息。海报设计风格根据应用领域的不同，可以分为商业海报设计、文化海报设计和公益海报设计等。

### 3.1.1 AI海报设计通用魔法公式

**通用魔法公式：海报类型 + 海报文案 + 背景氛围 + 辅助提示**

核心提示：海报设计（poster design）。

辅助提示：海报口号（poster slogan），排版设计（layout design），品牌海报设计（brand poster design），引人注目的（eye-catching），诱人的（enticing）。

接下来我们利用AI绘画工具生成不同风格的海报设计。

## 3.1.2　AI 海报设计效果展示

### 1. 商业海报设计

**1** 品牌海报。品牌海报主要用于品牌官宣、PR（公关）传播等场合，展示品牌的价值主张，一般包括企业名称、Logo、代言人、辅助图形等元素，如图3-1所示。

图3-1　品牌海报

提示：UNIQLO brand poster design, 10th anniversary slogan, UNIQLO store, blue and white tones, fresh and comfortable feel, simple and fashionable style, 8K, --ar 3:4。

翻译：优衣库品牌海报设计，十周年口号，优衣库店，蓝白色调，清新舒适的感觉，简约时尚的风格，8K, --ar 3:4。

**2** 产品海报。产品海报主要用于产品上市、推广等场合，展示产品的独特卖点，一般包括产品包装、代言人、辅助图形等元素，如图3-2所示。

提示：poster design, beer product, black background, chilled beer bottle, glass, foam, ice cubes, elegant font, slogan, luxurious, mysterious, refreshing, eye-catching, 8K, --ar 3:4。

翻译：海报设计，啤酒产品，黑色背景，冰镇啤酒瓶，玻璃杯，泡沫，冰块，优雅的字体，口号，奢华的，神秘的，清爽的，引人注目的，8K, --ar 3:4。

图3-2　产品海报

**3** 主题海报。主题海报设计主要用于传达明确的主题信息，需要通过图形、文字、色彩等视觉元素，将主题准确地表达出来，让受众能够迅速理解海报所传达的信息，如图3-3所示。

图3-3　主题海报

提示：festive poster design, Labor Day, workers, work attire, flags, celebration, passion, spirit of dedication, lively, festive, 8K, --ar 3:4。

翻译：节日海报设计，劳动节，工人，工作服，旗帜，庆典，激情，奉献精神，活泼的，喜庆的，8K，--ar 3:4。

**4** 促销海报。促销海报通常会传达明确的促销信息，如折扣、优惠、限时抢购等，从而使受众了解促销活动的具体内容。模特照片是服装促销海报中常用的元素之一，如图3-4所示。

图3-4　促销海报

提示：clothing sale poster design, sale slogan, price tags, model, texture, discount information, limited time promotion, advantages, purchase value, 8K, --ar 4:3。

翻译：服装促销海报设计，促销口号，价格标签，款式，质地，折扣信息，限时促销，优势，购买价值，8K，--ar 4:3。

## 2. 文化海报设计

**1** 艺术展览海报。艺术展览海报主要用于各类艺术展览的宣传，包括画展、雕塑展、摄影展等。这类海报设计需要突出展览的主题、氛围和亮点，以吸引观众的注意力，如图3-5所示。

图3-5　艺术展览海报

提示：art exhibition poster design, art slogan, elegant black, artwork, creativity, painting technique, decorative elements, time and location information, visual appeal, exquisite, art enthusiasts, 8K, --ar 3:4。

翻译：艺术展览海报设计，艺术标语，优雅黑色，艺术品，创意，绘画技法，装饰元素，时间地点信息，视觉吸引力，精致的，艺术爱好者，8K，--ar 3:4。

**2** 音乐会海报。音乐会海报主要用于各类音乐会的宣传，包括古典音乐、流行音乐、摇滚音乐等。这类海报设计需要突出音乐会的主题、演出阵容和演出时间等信息，如图3-6所示。

图3-6 音乐会海报

提示：concert poster design, vibrant purple, concert scene, band, performers, time and location information, energy, passion, music lovers, 8K, --ar 3:4。

翻译：音乐会海报设计，活力紫，音乐会场景，乐队，表演者，时间和地点信息，能量，激情，音乐爱好者，8K，--ar 3:4。

**3** 戏剧海报。戏剧海报主要用于各类戏剧的宣传，包括话剧、歌剧、舞剧等。这类海报设计需要突出戏剧的主题、演出阵容和演出时间等信息，同时还需要体现出戏剧的艺术感和氛围，如图3-7所示。

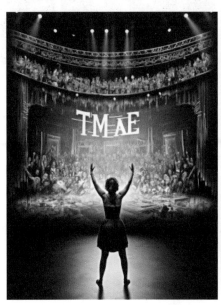

图3-7 戏剧海报

提示：theater poster design, word slogan, black and white color scheme, theater scene, theater actors, expressions, postures, time and location information, theatrical tension, audience, 8K, --ar 3:4。

翻译：戏剧海报设计，文字标语，黑白配色，戏剧场景，戏剧演员，表情，姿势，时间和地点信息，戏剧张力，观众，8K，--ar 3:4。

**4** 文化活动海报。文化活动海报主要用于各类文化活动的宣传，包括文化节、文化周、文化论坛等。这类海报设计需要突出活动的主题、内容、时间和地点等信息，同时还需要体现出活动的文化感和氛围，如图3-8所示。

图3-8　文化活动海报

提示：cultural event poster design, cultural slogan, colorful background, dance, artistic flair, creativity, time and location information, vibrancy, joy, audience, 8K, --ar 3:4。

翻译：文化活动海报设计，文化口号，彩色背景，舞蹈，艺术气质，创造力，时间和地点信息，活力，欢乐，观众，8K，--ar 3:4。

**5** 电影海报设计。电影海报设计是电影宣传的重要手段，通过视觉传达的形式，将电影的主题、氛围、亮点等元素呈现给观众，从而吸引观众的注意力，增加电影的知名度和票房收入，如图3-9和图3-10所示。

图3-9  电影海报

提示：movie poster design, movie name slogan, dark color scheme, main characters, key scenes, expressions, postures, time and location information, intrigue, allure, 8K, --ar 3:4。

翻译：电影海报设计，电影名称口号，深色配色方案，主要人物，关键场景，表情，姿态，时间和地点信息，悬疑，吸引力，8K，--ar 3:4。

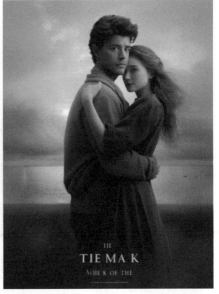

图3-10  电影海报

提示：movie poster design, obvious movie name font, slogan, romantic and warm, main characters, expressions, postures, emotions, time and location information, 8K, --ar 3:4。

翻译：电影海报设计，明显的电影名称，口号，浪漫温馨，主要人物，表情，姿态，情感，时间和地点信息，8K，--ar 3:4。

### 3. 公益海报设计

公益海报设计主要用于传播人类社会公益价值观。

**1** 环保公益海报如图 3-11 所示。

图 3-11 环保公益海报

提示：environmental conservation，poster design，poster slogan，green，nature，beautiful landscape，environmental action，initiatives，vibrancy，call to action，attention，environmental awareness，8K，--ar 3:4。

翻译：环境保护，海报设计，海报标语，绿色，自然，美丽的风景，环保行动，倡议，活力，号召性用语，吸引注意力，环保意识，8K，--ar 3:4。

**2** 公益慈善海报如图 3-12 所示。

图 3-12 公益慈善海报

提示：charity poster design, poster slogan, warm, care, helping others, touching scene, volunteer, charity action, initiatives, warmth, inspiration, attention, enthusiasm, 8K, --ar 3:4。

翻译：慈善海报设计，海报标语，温暖的，关爱，助人，感动场景，志愿者，慈善行动，倡议，温情，鼓舞，关注，热情，8K, --ar 3:4。

**3** 健康生活海报如图3-13所示。

图3-13 健康生活海报

提示：healthy lifestyle, poster design, poster slogan, fresh and bright, health scene, people exercising, enjoying nutritious food, vitality, happiness, health action, initiatives, attention, desire, 8K, --ar 3:4。

翻译：健康生活方式，海报设计，海报标语，清新明亮，健康场景，人们锻炼身体，享受营养食品，活力，幸福，健康举措，倡议，关注，渴望，8K, --ar 3:4。

## 3.1.3 电影海报设计案例

### 第一步：需求分析

设计需求：为《猩球崛起4》设计一张电影宣传海报。

前期可以通过类似ChatGPT的工具来生成海报的创意方案，下面以文心一言为例进行展示。

> 我 提问一：请以《猩球崛起4》为主题设计三个电影宣传海报方案。

> 当然，以下是三个《猩球崛起4》电影宣传海报的设计方案。
>
> 1. 方案一
>
> 主题：猿力觉醒，征服未来。

设计概念：这张海报以猿人角色为中心，展现他们的力量和决心。海报背景可以包括森林、城市。在海报的上方，可以写一句引人注目的标语，如"猿力觉醒，征服未来"。

色调：绿色和棕色可以突出森林和自然环境的宁静，而深色和金色可以表现现代城市的繁华和科技进步。

字体和版面设计：可以使用有力量感的字体来强调电影的名字《猩球崛起4》，并且选择一种现代且简洁的设计风格，以吸引年轻观众的注意力。

2. 方案二

主题：猿族崛起，改变世界。

设计概念：这张海报以猿人角色和人类角色对抗的场景为中心，展现两个物种之间的冲突和猿人角色的崛起。在海报的背景中，可以描绘一些象征科技和未来的元素，如巨大的机器、高楼大厦等，以强调电影的科幻特色。

色调：暗灰色和银色可以表现出现代城市的高科技感和高冷感，而明亮的黄色和红色可以突出猿人角色的力量和决心。

字体和版面设计：可以使用清晰、尖锐的字体来强调电影的名字《猩球崛起4》，并且选择一种未来感十足的设计风格，以吸引科幻爱好者的注意力。

3. 方案三

主题：新的开始，无尽的冒险。

设计概念：这张海报以猿人角色和人类角色的冒险旅程为中心，展现他们的决心和勇气。海报背景可以包括森林、城市和山脉，强调电影中的冒险元素。在海报的上方，可以写一句引人注目的标语如"新的开始，无尽的冒险"。

色调：深蓝色和银色可以表现宇宙的深邃和高科技感，而明亮的橙色和红色可以突出主角的热情和冒险的精神。

字体和版面设计：可以使用动态、流线型的字体来强调电影的名字《猩球崛起4》，并且选择一种复古和科幻相结合的设计风格，以吸引各种不同品位的观众。

---

我　提问二：请将方案二细化成一个专业的海报设计方案。

---

好的，以下是细化后的方案。

主题：猿族崛起，改变世界。

1. 主角形象：主角为一个强壮且聪明的猿人，身穿精简的战衣，正站在一堆废墟或高楼的顶端，眼神坚定，直视前方。他的手中可以握着一把先进的武器或设备，暗示着他的智慧和适应能力。

2. 人类形象：在画面的另一侧，可以描绘一群人，他们面对猿人的崛起感到惊恐和不安。这些人可以穿着防护服或手持武器，强调他们与猿人之间的冲突和紧张关系。

3. 背景元素：背景的一半是华丽且充满高科技感的城市，另一半则是破败的废墟。这座城市应具有金属感和冷酷的科技感，同时还有一些破败的废墟无声地揭示了战争和冲突的残酷后果。

4. 标题和文字：电影的名字《猩球崛起4》应位于画面的中央或猿人的旁边，字体应清晰、尖锐，颜色为深灰色或银色。在画面的底部，可以加上一行小字"猿族崛起，改变世界"，字体应细小但清晰，颜色应与主标题保持一致。

5. 色调：应以暗灰色和银色作为主色调，以突出高科技城市的高冷感。在猿人和人类身上可以使用一些明亮的颜色，如红色或橙色，以突出他们的力量和决心。

6. 版面布局：海报的整体版面布局应保持动态平衡。猿人、人类和背景应形成三个层次，以引导观众将视线从前景转移到中景再到远景。同时，主角、标题、文字的位置应形成一种对角线布局，以增强视觉冲击力。

7. 细节处理：在海报的设计中可以加入一些细节元素，如科技设备、仪表板、爆炸的烟雾等，以增强科技感和细节质感。这些元素可以散布在画面的各个角落，但不应过于拥挤或混乱。

> 我　提问三：请根据细化后的方案，给我两个不同风格的方案。

好的。

1. 赛博朋克风格：赛博朋克是一种科幻艺术风格，通常以未来城市、高科技设备和人类与机器的融合为主题。这种风格强调海报中未来城市和科技设备的细节和复杂性，同时使用冷色调和霓虹灯效果来增强科技感和黑暗感。在主角的服装和设备上也可以使用一些金属感和光泽效果的元素，以突出赛博朋克风格的特点。

2. 蒸汽朋克风格：蒸汽朋克是一种以工业革命和机械时代为主题的科幻风格。这种风格强调海报中机器和设备的复杂性和复古感，同时使用暖色调、浓重的金属质感和纹理来增强工业感和复古感。主角的服装和设备也可以设计得复古和机械，以符合蒸汽朋克风格的特点。

根据以上信息我们就可以提炼出一些自己想要的设计关键词。

风格：赛博朋克风格。

主题元素：《猩球崛起4》，猿人，未来城市，高科技设备，废墟，人类，冲突，力量，眼神坚定。

色调：暗灰色，银色。

### 第二步：确定海报画面内容

根据提炼的设计关键词生成一些创意视觉方案，并反复进行尝试，直到生成满意的方案为止，如图3-14所示。

图3-14　电影海报画面效果

提示：movie poster design, the apes stand on top of the ruins, weapons in hand, eyes determined, the humans show fear on the side, with a city full of signs of war and technology in the dark grey background, cyberpunk style, 8K。

翻译：电影海报设计，猿人站在废墟顶端，手持武器，眼神坚定，人类在一旁露出恐惧的神情，深灰色背景中的城市充满了战争和科技的痕迹，赛博朋克风格，8K。

**第三步：海报最终效果**

注意主题和背景图片的色调，以及排版构图和人物的中心构图要保持一致，电影海报最终效果如图3-15所示。

图3-15  电影海报最终效果

### 3.1.4　总结及展望

AI 绘制海报具有广泛的前景，其能够高效、快速地生成多样化的设计方案，为设计师提供了强大的辅助工具。与此同时，AI 绘画技术也不可避免地存在一些局限性和缺点，如可能在创意的独特性和情感的表达上有所欠缺。未来，人类设计师应积极拥抱 AI 绘画技术，利用其优势来创造出有创意又有个性的作品，从而推动海报设计等领域的发展。

## 3.2　品牌 Logo 设计

品牌 Logo 设计是指企业或产品的标志设计、包装设计、广告设计、网站和应用设计、环境设计等一系列视觉设计的总称。品牌 Logo 设计的目的是通过统一的视觉形象来传达企业或产品的核心价值，树立独特的品牌形象，以吸引目标受众的注意力和信任，从而增强品牌的知名度和竞争力。

品牌 Logo 设计包括 VI 体系设计、SI 体系设计、UI 设计等。VI 体系设计（Visual Identity，视觉识别系统）是 CIS（Corporate Identity System，企业形象识别系统）中最具传播力和感染力的部分。一个内涵丰富、设计独特的视觉识别系统对于传播企业经营理念、建立企业知名度以及塑造企业形象都发挥着重要的作用。SI 体系设计（Spatial Identity System，空间识别系统设计）是 VI 体系的延伸，但主要侧重于在"三维空间"内进行作业，如店铺、展览展示等空间的设计。UI 设计（User Interface Design，用户界面设计）是指对软件的人机交互、操作逻辑以及界面美观进行的整体设计。UI 设计分为实体 UI（如按钮、触摸屏等物理界面）和虚拟 UI（如屏幕上的图标菜单等）。用户界面设计的三大原则是：置界面于用户的控制之下，减少用户的记忆负担，保持界面的一致性。优秀的 UI 设计不仅要让软件具有独特的个性和品位，还要让软件的操作变得简单舒适、自由灵活，从而充分体现软件的定位和特点。

### 3.2.1　AI 品牌 Logo 设计通用魔法公式

**通用魔法公式：品牌 Logo 类型 ＋ 主题描述 ＋ 风格类型 ＋ 辅助提示**

核心提示：标识设计（Logo design）。

辅助提示：字母（letter），吉祥物（mascot），徽章（emblem），迷幻艺术（psychedelic art），流行艺术（pop art），简洁的（simple），矢量（vector），扁平化设计（flat design），线条（line），渐变的（gradient），丝网印刷（screen-print）。

### 3.2.2　AI 品牌 Logo 设计展示

#### 1. 服装 Logo 设计

服装 Logo 设计应该具有高度的识别性，设计简洁明了，能够在各种不同的场景和媒介中清晰地展现出来，给消费者留下深刻的印象，如图 3-16 所示。

图3-16　服装Logo

提示：fashion clothing Logo design, clean, stylish, uniqueness, professional, graphic, brand name, clear, modern, font, trust, interest, consumers, 8K。

翻译：时尚服装Logo设计，简洁的，时尚的，独特的，专业的，图形元素，品牌名称，清晰的，现代的，字体设计，信任感，吸引力，消费者，8K。

### 2. 化妆品Logo设计

化妆品Logo设计应具备独特性，有助于消费者在市场上快速识别和记忆该品牌，提高品牌的知名度和认知度，如图3-17所示。

图3-17　化妆品Logo

提示：cosmetics Logo design, refined, elegant, high-end, fashionable, graphic, brand name, fluid, artistic, font, favorable impression, trust, 8K。

翻译：化妆品Logo设计，精致的，优雅的，高端的，时尚的，图形元素，品牌名称，流畅的，艺术感，字体设计，良好印象，信任感，8K。

### 3．汽车Logo设计

汽车Logo设计具备象征性、独特性、与品牌定位相符、可适应性、经典性，符合目标消费群体的需求，如图3-18所示。

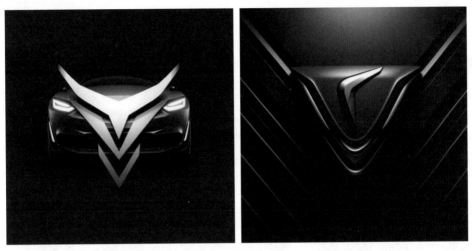

图3-18　汽车Logo

提示：car Logo design, clean, dynamic, innovation, power, graphic, brand name, bold, modern, sense of identification, confidence, 8K。

翻译：汽车Logo设计，简洁的，动态的，创新性，力量感，图形元素，品牌名称，大胆的，现代的，辨识度，信心，8K。

### 4．手机Logo设计

手机Logo设计需简洁易记，与品牌定位相符，具有独特性，可适应不同尺寸和媒介，保持图形与文字协调，如图3-19所示。

图3-19　手机Logo

提示：Logo design, mobile phone company, clean white background, modern, technological, innovative, graphic, fluid, trust, desire, consumers, vector style, 8K。

翻译：Logo设计，手机公司，干净的白色背景，现代的，技术的，创新的，图形元素，流体的，信任，期望，消费者，矢量风格，8K。

### 5. 饮料Logo设计

饮料Logo设计需考虑品牌定位、目标消费群体需求、行业趋势等因素，同时要注重色彩搭配和图案与文字的协调性，如图3-20所示。

图3-20　饮料Logo

提示：beverage Logo design, vibrant, fresh, healthiness, graphic, brand name, fluid, legible, attractiveness, desire, pleasure, consumers, 8K。

翻译：饮料Logo设计，充满活力的，新鲜的，健康，图形元素，品牌名称，流体的，清晰的，吸引力，期望，快乐，消费者，8K。

### 6. 网站Logo设计

网站Logo设计需体现网站的核心价值和特点，考虑网站的主题和风格、目标用户的感受、行业特点等因素，选择恰当的色彩和图形组合，使Logo与网站整体形象保持一致。同时，要确保Logo在不同尺寸和分辨率下清晰可辨，并能用于网站的不同页面和场景，如图3-21所示。

图3-21　网站Logo

提示：web Logo design, modern, vibrant, innovation, fashionability, graphic, brand name, fluid, trust, desire to shop, 8K。

翻译：网站Logo设计，现代的，充满活力的，创新，时尚，图形元素，品牌名称，流体的，信任，购物欲望，8K。

### 7. 银行Logo设计

银行Logo设计过程中需考虑银行的品牌定位、目标客户群体、行业特点等因素，选择恰当的图形和色彩组合，使Logo与银行的整体形象保持一致，如图3-22所示。

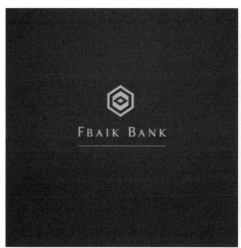

图3-22 银行Logo

提示：financial brand, Logo design, stable, professional, reliability, credibility, graphic, brand name, dignified, clear, trust, sense of security, 8K。

翻译：金融品牌，Logo设计，稳定的，专业的，可靠的，可信，图形元素，品牌名称，端庄的，清晰的，信任，安全感，8K。

### 8. 房地产Logo设计

房地产Logo应给人以安全、稳定、可靠的感觉，同时也要体现公司的实力和品质保证。设计时应该注重简洁明了，具有辨识度和独特性，能够代表房地产公司的核心价值和特点，如图3-23所示。

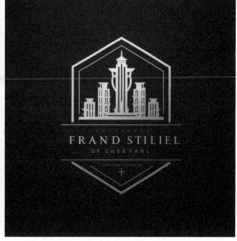

图3-23 房地产Logo

提示：real estate brand，Logo design，stable，professional，reliability，credibility，graphic，brand name，dignified，clear，trust，desire to own，8K。

翻译：房地产品牌，Logo 设计，稳定的，专业的，可靠的，可信度，图形元素，品牌名称，庄重的，清晰的，信任，渴望拥有，8K。

## 3.2.3  网站 Logo 设计案例

### 第一步：需求分析

设计需求：设计一个旅行网站Logo。

前期可以使用类似 ChatGPT 的工具来生成网站 Logo 的设计方案，这里以文心一言为例进行展示。

> 我　提问一：请给我三个旅行网站 Logo 的设计方案。

当然，以下是三个旅行网站 Logo 的设计方案。

1. 方案一

主题：探索世界，触手可及。

元素选择：该 Logo 采用了地球形状作为主要元素，突出旅行的全球性，在地球的下方是一双托举的手，寓意着用户可以通过该网站轻松地探索世界。

色彩搭配：使用蓝色和绿色作为主色调。蓝色代表广阔的天空和海洋，绿色则代表丰富的陆地和植被。两种颜色共同营造出一种和谐的感觉，让人感到平静和放松。

字体设计：网站名字"探索旅行"采用圆润、有趣的字体，让人一眼就能记住。同时，字体的大小和位置与地球元素相协调，使整个 Logo 看起来和谐统一。

2. 方案二

主题：旅行，让心灵得到释放。

元素选择：该 Logo 设计了一对飞翔的翅膀，寓意着旅行的自由和探索未知的快乐。在翅膀下方是网站的名称"旅行之美"，字体设计简洁大方。

色彩搭配：使用了明亮的天空蓝和清新的绿色，这两种颜色共同营造出一种轻松愉快的气氛。在翅膀的设计上运用了渐变的效果，使 Logo 看起来更加立体和生动。

版面布局：简洁明了，文字和图像的位置安排得当，使整个 Logo 看起来非常舒适和谐。

3. 方案三

主题：一站式旅行平台。

元素选择：该 Logo 为一个简洁的地球形状，突出旅行的全球性。在地球的上方有一个指南针，寓意着为用户提供最准确的旅行方向和信息。指南针的下方是网站的名称"旅行平台"，字体设计简洁明了。

色彩搭配：使用了深蓝色和灰色作为主色调，突出了旅行的神秘感和冒险精神。同时，指南针的设计运用了金色和红色等鲜艳的颜色，使整个 Logo 看起来更加生动和引人注目。

版面布局：简洁明了，文字和图像的位置安排得当，使整个 Logo 看起来非常舒适和谐。同时，在 Logo 的设计上还运用了一些细节处理，如地球的渐变效果和指南针的立体感等，使整个 Logo 看起来更加精致。

我　提问二：将第三个方案细化成一个专业的旅行网站Logo设计方案。

好的，以下是细化后的方案。

1. 主题：一站式旅行平台。

2. 核心元素。
地球形状：选择一个简化的地球形状，强调旅行的全球性。地球使用扁平化的设计风格，以便在现代各种屏幕上都能清晰可辨。
指南针：在地球的上方放置一个指南针，象征探索和导航。指南针的指针应该是一个动态的元素，可以轻轻旋转，以吸引用户的注意力。

3. 色彩搭配。
主色调：选择深蓝色和灰色作为主色调，它们分别代表天空、海洋的神秘感和旅行的冒险性质。

辅助色调：指南针的指针用金色，指向北方的小点用红色，为整个Logo增添活力。

4. 字体设计。
网站名称"一站式旅行平台"采用无衬线字体，以保证在不同尺寸下的可读性。字体颜色为白色，以确保在各种背景上都能清晰显示。
字体大小适中，既要保证可读性，又不能过于突出，以免削弱图形元素的视觉效果。

我　提问三：请将上述方案进一步细化成两个不同风格的方案。

好的。

一、现代简约风
1. 设计理念：以简约、干净、流畅的线条为主，强调功能性和可读性。整体风格应该体现出现代感和科技感。
2. 色彩搭配：以白色和灰色为主色调，搭配一两种鲜艳的辅助色，形成清新、现代的视觉效果。这种色彩搭配既能提升用户的阅读体验，又能突出重要的信息。
3. 字体选择：采用无衬线字体，以保证在不同尺寸下的可读性。同时，字体设计应具有现代感，与图形元素完美融合。
4. 版面布局：采用大胆的留白和清晰的层次划分，使内容易于浏览和理解。同时，注重运用网格系统和对齐原则，确保版面整洁有序。
5. 图片和图标：选择简洁、具有象征意义的图片和图标，以快速传达信息；同时，注重运用渐变、阴影等效果，以增强元素的立体感和空间感。

二、自然清新风
1. 设计理念：以自然、清新、轻松的设计风格为主，强调与大自然的联系和旅行的愉悦感。整体风格应该体现出轻松、友好的氛围。
2. 色彩搭配：以绿色、蓝色等自然色调为主，搭配温暖的棕色或黄色等辅助色，形成清新、自然的视觉效果。这种色彩搭配既能表现出旅行的活力，又能给人带来轻松的感觉。
3. 字体选择：采用手写体或具有自然感的字体，以营造轻松、友好的氛围；同时字体设计应具有辨识度，与图形元素完美融合。
4. 版面布局：采用自由、灵活的版面布局，注重运用曲线和自然元素，使内容更加生动和有趣；同时保持版面的清晰和易读性，确保用户可以轻松地获取信息。
5. 图片和图标：选择具有自然风光和旅行元素的图片和图标，以突出网站的主题性；同时注重运用自然的纹理和质感效果提升元素的视觉吸引力。

根据以上信息我们就可以提炼出一些自己想要的设计关键词。

风格：现代风。

主题元素：地球形状，指南针，无衬线字体，友好的氛围，自然的纹理和质感效果。

色调：深蓝色，绿色。

### 第二步：生成Logo元素样式

根据提炼的设计关键词生成一些创意视觉方案，并反复进行尝试，直到生成满意的方案为止，如图3-24和图3-25所示。

图3-24　Logo元素样式

提示：travel website Logo design, vector style, modern style, white background, earth and compass graphic elements, dark green and blue, 8K。

翻译：旅游网站Logo设计，矢量风格，现代风格，白色背景，地球和指南针图形元素，墨绿色和蓝色，8K。

图3-25　Logo元素样式生成

提示：travel website Logo design, vector style, modern style, white background, earth elements, dark green and blue, 8K。

翻译：旅游网站Logo设计，矢量风格，现代风格，白色背景，地球元素，墨绿色和蓝色，8K。

**第三步：最终效果**

利用Photoshop对生成的元素进行适当的修改，再根据主题添加相应的Logo和名字，进行排版设计。Logo最终效果如图3-26所示。

图3-26　Logo最终效果

## 3.3　结束语

AI绘画和营销的结合有多种方式。它可以用来制作各种营销材料，如海报、宣传册、社交媒体内容和电子邮件营销等；也可以用来生成个性化的营销材料，以更好地满足消费者的需求和偏好，并制定更有效的营销策略。

第4章

CHAPTER 04

# AI绘画在产品设计领域的应用

产品设计主要是指对有形产品的外观、功能、结构等方面进行的设计。在这个过程中，通过组合如线条、符号、数字、色彩等多种元素，把产品的形状以平面或立体的形式展现出来。产品设计所包含的范畴非常广，与生活有关的各种器物都存在设计的需求，小到杯盘、刀叉、电子产品，大至家具、汽车、轮船、各类机械等。根据性质和用途的不同，产品设计可分为手工艺设计、工业设计，外观设计、结构设计等多种类型。

产品设计的用途主要有以下几点。

◎ 实现产品的功能：产品设计首先要考虑的是实现产品的功能，满足用户的需求。例如，一款手机的设计需要考虑如何更好地实现通话、上网、拍照等功能。

◎ 增强产品的竞争力：优秀的产品设计可以增强产品的竞争力，吸引更多的消费者。例如，一款外观精美、操作简便的产品往往更容易受到消费者的青睐。

◎ 降低生产成本：合理的产品设计可以降低生产成本，提高生产效率。例如，一款易于组装和拆卸的产品可以减少生产过程中的时间和人力成本。

◎ 提高产品的安全性：产品设计也需要考虑产品的安全性，避免产品在使用过程中可能产生的危险。例如，一款电器产品的设计需要考虑如何防止电击、过热等问题。

◎ 增强品牌形象：优秀的产品设计可以增强品牌形象，提高品牌的知名度和美誉度。例如，一款具有独特外观和良好用户体验的产品可以为品牌赢得更多的忠实用户。

AI绘画在产品设计领域的应用包括以下几个方面。

◎ 提供创意灵感：AI可以通过分析大量的设计作品和设计元素，学习并理解不同行业、不同风格的设计特点和趋势，为设计师提供创意灵感和设计建议，从而助力提升设计的效率和质量。

◎ 初步设计：AI可以通过分析用户需求和市场趋势，自动生成初步的产品设计方案为设计师提供参考，从而加快他们的设计进程。

◎ 优化设计：AI可以对设计师的作品进行分析和评估，提出优化建议。例如，AI可以从色彩、形状、材质等方面对设计作品进行评估，并提出改进意见。

◎ 虚拟原型：AI可以利用计算机图形学技术，快速生成虚拟的产品原型。通过进行用户体验测试，我们可以获取宝贵的用户反馈，进而对产品设计进行进一步优化。

◎ 进行个性化定制：AI可以根据用户的个性化需求，生成定制化的产品设计方案。例如，AI能够根据用户的个人喜好和需求，自动生成定制化的家具等设计方案，满足用户的个性化需求。

接下来我们利用AI绘画工具生成几个大的消费品类的设计方案。

# 4.1　服装设计

服装设计是指根据特定的目标、要求和环境，对服装进行构思、设计、绘制和制作的过程。它涉及服装的款式、色彩、面料、结构、工艺等多个方面，以满足人们在不同场合、不同需求下的穿着要求。

服装设计的分类有多个角度，以下是一些常见的分类方式。

◎ 按服装设计风格分类：可以分为古典风格、现代风格、民族风格、前卫风格等。古典风格注重传统和历史元素；现代风格追求简约、时尚和舒适；民族风格强调文化和传统；前卫风格则注重创新和标新立异。

◎ 按服装设计性别分类：可以分为男装设计、女装设计。男装设计注重男性特质和品味；女装设计则注重女性特质和时尚感。

### 4.1.1 AI 服装设计通用魔法公式

**通用魔法公式：服装设计风格 + 服装品类 + 服装面料 + 服装调性 + 辅助提示**

核心提示：服装设计（clothing design）。

辅助提示：中式风格（Chinese style），古典风格（classical style），浪漫风格（romantic style），休闲风格（casual style），简约风格（minimalist style），商务风格（business style），传统风格（traditional style），衬衫（shirt），针织毛衣（knitted sweater），T恤衫（T-shirt），背心（vest），西装（suit），大衣（trench coat），夹克衫（jacket），羽绒服（down coat），棉（cotton），毛（wool），莫代尔（modal），纤维（fibre），皮革（leather）。

### 4.1.2 AI 服装产品效果展示

#### 1. 古典服装

古典服装设计的色彩搭配通常比较柔和，设计也非常注重服装的长度、宽度和厚度的比例，以达到一种修身、得体的效果；融入了大量的文化元素，如中国古典文化中的龙、凤、牡丹等元素，以及欧洲古典文化中的天使、女神等元素，以强调服装的文化内涵和特色，如图4-1所示。

图4-1 古典服装

提示：classical clothing design, elegance, tradition, robes, garments, embroidery, patterns, details, silk, velvet, luxurious feel, lines, proportions, charm, 8K, --ar 3:4.

翻译：古典服装设计，优雅，传统，长袍，服装，刺绣，图案，细节，丝绸，天鹅绒，奢华感，线条，比例，魅力，8K, --ar 3:4。

## 2. 超现代服装

超现代服装强调打破传统的结构和形式，以不规则、不对称、无规律的方式展现服装的独特性，并遵循抽象、简洁和前卫的设计理念，如图4-2所示。

图4-2　超现代服装

提示：ultra-modern clothing design, futurism, technological innovation, streamlined, geometric, materials, colors, textures, metallic finishes, fluorescent tones, reflective materials, fashion, comfort, functionality, wearability, 8K, --ar 3:4。

翻译：超现代服装设计，未来主义，技术创新，流线型的，几何的，材料，颜色，纹理，金属饰面，荧光色调，反光材料，时尚，舒适，功能性，耐磨性，8K，--ar 3:4。

## 3. 民族服装

每个民族的服装都有其独特的特点，反映了该民族的文化、历史和传统。例如，苗族的银饰、藏族的哈达等都具有独特的文化意义和艺术价值，如图4-3所示。

提示：ethnic clothing design, specific ethnic culture, style, traditional charm, patterns, embroidery, handwoven, fabric, textiles, silk, cotton, wool, cuts, silhouettes, modern fashion elements, details, cultural expression, uniqueness, charm, 8K, --ar 3:4。

翻译：民族服装设计，特定民族文化，风格，传统魅力，图案，刺绣，手工编织，面料，纺织品，丝绸，棉，毛，剪裁，轮廓，现代时尚元素，细节，文化表达，独特性，魅力，8K，--ar 3:4。

图4-3 民族服装

## 4. 潮流服装

潮流服装的设计往往追求创新，尝试新的设计理念和风格，以满足年轻人追求新鲜感的心理需求，如图4-4所示。

图4-4 潮流服装

提示：fashion-forward clothing design, fashion, trends, youthful, vibrant, individualistic, cuts, patterns, colors, details, fabric, silk, leather, denim, styling, styles, innovation, expression, fashion trends, free-spirited attitude, 8K, --ar 3:4。

翻译：时尚服装设计，时尚，潮流，青春，活力，个性化，剪裁，图案，色彩，细节，面料，丝绸，皮革，牛仔布，造型，风格，创新，表达，流行趋势，自由奔放的态度，8K，--ar 3:4。

## 5. 儿童服装

儿童服装设计注重活泼性，根据儿童的年龄和性格特点，选择适合的颜色、图案，以及具有趣味性的设计元素，如图4-5所示。

图4-5　儿童服装

提示：children's clothing design, cuteness, liveliness, innocence, playfulness, joy, cuts, colors, cartoon patterns, details, fabric, cotton, skin-friendly fabrics, silhouettes, designs, safety, warmth, care, 8K, --ar 3:4。

翻译：儿童服装设计，可爱，活泼，天真，俏皮，欢乐，剪裁，色彩，卡通图案，细节，面料，棉，亲肤面料，廓形，设计，安全，温暖，关爱，8K，--ar 3:4。

## 6. 老年服装

老年服装设计注重简洁、朴实、宽大，以直线结构为主，不附加过多的装饰物，以充分体现老年人的庄重稳健，如图4-6所示。

图4-6　老年服装

提示：senior clothing design, comfort, practicality, mature, dignified, elegant, cuts, fabrics, patterns, details, cotton linen, silk, easy-to-wear, adjustable sizes, 8K, --ar 3:4。

翻译：老年服装设计，舒适，实用，成熟的，端庄的，优雅的，剪裁，面料，图案，细节，棉麻，丝绸，易穿，尺寸可调，8K，--ar 3:4。

### 4.1.3　儿童服装设计案例

**第一步：需求分析**

设计需求：设计一套双胞胎童装。

前期可以通过类似ChatGPT的工具来生成服装设计的创意方案，下面以文心一言为例进行展示。

> 我　提问一：请给我三个关于双胞胎童装的设计方案。

当然可以，以下是我为一对双胞胎设计童装的三个方案。

方案一：主题服装

这个方案是设计一套以儿童最喜欢的动画片角色为主题的童装。这种设计不仅可以激发他们的想象力，也可以给他们带来更多的乐趣。

方案二：双胞胎的共享服装

这个方案是设计一套双胞胎童装。这种服装不仅可以让两个孩子感到亲密，也可以节省衣物储存空间。在设计时，我们可以考虑加入一些有趣的元素，比如，儿童喜欢的动物或图案。同时，为了方便区分，可以在每套服装的衬衫、领带或帽子上设计不同的颜色或图案。

方案三：可互换元素的服装
这个方案是设计一套可以互换元素的童装。这种设计可以让两个孩子在保持服装一致的同时，也能体验到一定的个性化。比如，我们可以设计两件完全一样的外套，但内衬和袖口采用不同的颜色。

> **我**　提问二：请将方案三细化成一个专业的双胞胎童装设计方案。

**好的，以下是我对方案三的细化设计。**

双胞胎童装设计方案：可互换元素的服装

1. 设计理念
这个方案的设计理念是设计一种服装，可以让双胞胎儿童在保持服装一致性的同时，也能体验到个性化的魅力。我们通过可互换的内衬，让孩子们在每天的穿搭中都能体验到新奇和乐趣。

2. 色彩选择
选择明亮而和谐的色彩，如蓝色和黄色可以作为外套的主要颜色，以吸引孩子们的注意力。内衬和袖口则使用对比色，如红色或绿色。裤子可以使用棕色或黑色。这样的设计可以给孩子们带来更多视觉上的变化。

3. 元素设计
外套的主体部分采用经典的卡通角色或儿童喜欢的运动队图案，而内衬或袖口则采用不同的颜色。

4. 材质选择
选择舒适、耐穿且易于清洗的材质，如纯棉或棉麻混纺，以确保孩子们穿着的舒适性。同时，考虑到孩子们活泼好动的特点，可以选择耐用性强的纽扣和拉链。

> **我**　提问三：请将上述方案细化成两个不同风格的方案。

**好的。**

现代简约风格：注重简洁、实用和舒适。服装的设计可以以基本的几何形状为主，如直线、圆形和方形。颜色以中性色为主，如白色、黑色和灰色，搭配明亮的内衬和袖口，形成鲜明的对比。图案上可以选择一些简洁的卡通角色或抽象图案。

复古潮流风格：注重复古和流行元素的结合。外套可以采用复古的格子或条纹设计，搭配经典的卡通角色或运动队图案。内衬和袖口则采用现代的流行图案，如涂鸦或流行卡通角色。颜色上可以选择怀旧的复古色，如深蓝、暗红和棕色，搭配明亮的内衬和袖口，形成强烈的视觉冲击力。

根据以上信息我们可以提炼出一些自己想要的设计关键词。

风格：复古潮流风。

主题元素：双胞胎男孩，童装，可互换元素，黄色外套，内衬和袖口为不同颜色。

色调：黄色，棕色。

材质：纯棉。

**第二步：确定服装设计的最终效果**

根据提炼的设计关键词生成一些创意视觉方案，并反复进行尝试，直到生成自己想要的方案为止，如图4-7和图4-8所示。

图4-7　服装效果展示

　　提示：Children's clothing design, retro trend style, interchangeable elements, yellow jacket, lined with superhero pattern, made of cotton, 8K。

　　翻译：儿童服装设计，复古潮流风格，可互换元素，黄色外套，内衬印有超级英雄图案，棉的，8K。

图4-8　服装模特效果展示

　　提示：Children's clothing design, twin boys, retro trend style, interchangeable elements, yellow jacket, brown pants, lined with superhero pattern, made of cotton, twins with curious expression and exploring movement, 8K。

　　翻译：儿童服装设计，双胞胎男孩，复古潮流风格，可互换元素，黄色外套，棕色裤子，内衬印有超级英雄图案，棉的，双胞胎好奇的表情和探索的动作，8K。

#### 4.1.4　总结及展望

　　AI 绘画和服装设计都是当今科技创新和艺术设计的热点领域。将 AI 绘画技术应用于服装设计，可以为设计师提供更多的创意灵感和实现手段，同时也为消费者带来更加个性化和多样化的穿着体验。

　　AI 绘画技术通过深度学习和分析海量的图像数据，能够生成兼具艺术美感和审美价值的服装设计图案，为设计师提供新颖的设计思路和灵感。同时，AI 绘画还可以根据消费者的个性化喜好和需求，迅速生成多种设计方案，为消费者提供定制化的服装设计方案。

　　随着科技的不断进步和艺术设计的创新发展，AI 绘画与服装设计的结合将会有更加广阔的应用前景。

## 4.2　鞋品设计

　　鞋品设计是一个综合性的创作过程，它涵盖了鞋类产品的外观、结构、功能、材料、工艺等多个方面。设计师们通过精心的构思、设计、绘制和制作，打造出满足人们在不同场合、不同需求下的穿着要求的鞋类产品。

　　以下是一些常见的鞋品分类方式。

　　◎ 按用途分类：可以分为运动鞋、休闲鞋、凉鞋等。运动鞋专为运动和户外活动设计，休闲鞋适合日常休闲穿着，凉鞋则适合夏季穿着。

　　◎ 按风格分类：可以分为复古鞋、时尚鞋、潮流鞋等。

　　◎ 按鞋跟高度分类：可以分为平跟鞋（3cm 以下）、中跟鞋（3～5cm）、高跟鞋（6～8cm）、超高跟鞋（8cm 以上）等。不同高度的鞋跟可以满足不同消费者的需求和喜好。

　　◎ 按鞋头形状分类：可以分为尖头鞋、圆头鞋、方头鞋等。不同形状的鞋头可以展现出不同的风格和个性。

　　◎ 按材料分类：可以分为皮鞋、布鞋、塑料鞋等。皮鞋具有较高的档次和质感，布鞋轻便舒适，塑料鞋则具有较好的耐用性和防水性。

#### 4.2.1　AI 鞋品设计通用魔法公式

**通用魔法公式：鞋子品类 + 鞋子风格 + 鞋子调性 + 鞋子材质 + 辅助提示**

核心提示：鞋子设计（shoe design）。

辅助提示：运动鞋（athletic shoes），高跟鞋（high heels），平底凉鞋（flat sandals），拖鞋（slippers），商务皮鞋（business leather shoes），皮革（leather），橡胶（rubber），合成材料（synthetic materials）。

#### 4.2.2　AI 鞋品效果展示

1. 运动鞋

运动鞋的设计要考虑减震和支撑功能、透气性、轻便和灵活、色彩运用、与服装流行趋势的紧密结合及装饰性等特点，如图4-9所示。

图4-9　运动鞋

提示：athletic shoes design, futurism style, functionality, fashion, vibrancy, sporty, shoe bodies, outsoles, details, decorations, mesh fabric, synthetic materials, colors, patterns, comfort, stability, dynamic, 8K。

翻译：运动鞋设计，未来主义风格，功能，时尚，活力，运动，鞋体，外底，细节，装饰品，网布，合成材料，颜色，图案，舒适，稳定性，力学，8K。

## 2. 高跟鞋

高跟鞋的设计要考虑高度、形状、材质、颜色、图案及细节设计等元素。这些元素共同构成了高跟鞋的独特魅力和吸引力，如图4-10所示。

图4-10　高跟鞋

提示：high heels design, classicism style, elegance, fashion, women's charm, confidence, streamlined, shoe body, heel, details, decorations, leather, fabric, colors, patterns, comfort, stability, allure, 8K。

翻译：高跟鞋设计，古典风格，优雅，时尚，女性魅力，自信，流线型的，鞋身，鞋跟，细节，装饰，皮革，面料，颜色，图案，舒适，稳定，吸引力，8K。

#### 3. 长筒靴

长筒靴的设计要考虑款式、板型、材质、色彩及细节处理等元素。这些元素共同构成了长筒靴的独特魅力和吸引力，如图4-11所示。

图4-11 长筒靴

提示：knee-high boots design, fashion style, practicality, individuality, confidence, shafts, soles, details, decorations, leather, synthetic materials, colors, textures, comfort, waterproofness, 8K。

翻译：长筒靴设计，时尚风格，实用性，个性，自信，靴筒部分，鞋底，细节，装饰，皮革，合成材料，颜色，纹理，舒适，防水，8K。

#### 4. 平底凉鞋

平底凉鞋的设计要考虑鞋底设计、材质选择、款式设计、场合考量、轻便携带及防滑性能等要点，如图4-12所示。

提示：flat sandals design, fashion style, relaxed, free-spirited, uppers, soles, details, decorations, colors, patterns, comfort, durability, fashion, lightweight, 8K。

翻译：平底凉鞋设计，时尚风格，不加以拘束的，自由奔放，鞋面，鞋底，细节，装饰，颜色，图案，舒适，耐用，时尚，轻便，8K。

图4-12　凉鞋

## 5. 拖鞋

拖鞋的设计特点主要体现在轻便舒适、宽松设计、防滑性能、透气性及简约时尚等方面，如图4-13
所示。

图4-13　拖鞋

提示：slippers design, simple style, comfort, practicality, relaxed, casual, uppers,
soles, rubber, colors, slip resistance, lightweight, 8K。

翻译：拖鞋设计，简约风格，舒适，实用，不加以拘束的，休闲的，鞋面，鞋底，橡胶，颜色，防滑，
轻便，8K。

## 6. 玛丽珍鞋

玛丽珍鞋的设计特点主要体现在圆楦头包脚高跟、低跟设计、绑带设计、色彩丰富、材质柔软及装饰
精美等方面，如图4-14所示。

图4-14　玛丽珍鞋

提示：Mary Jane shoes design，vintage style，sweet，romantic，round toes，strap，low heels，details，leather，fabrics，colors，patterns，comfort，fashion，charm，uniqueness，8K。

翻译：玛丽珍鞋设计，复古风格，甜美的，浪漫的，圆头，绑带，低跟，细节，皮革，面料，颜色，图案，舒适，时尚，魅力，独特，8K。

### 7. 商务皮鞋

商务皮鞋的设计特点主要体现在经典简约、尖头设计、厚实鞋底、高品质材料和细节处理等方面，如缝线均匀、鞋面整洁、鞋带牢固，如图4-15所示。

图4-15　商务皮鞋

提示：business leather shoes design, classicism style, professional, elegance, formal, confident, leather, shoe styles, details, decorations, comfort, durability, black, brown, quality, fashion, 8K。

翻译：商务皮鞋设计，古典风格，专业，优雅，正式的，自信的，皮革，鞋子款式，细节，装饰，舒适，耐用，黑色，棕色，品质，时尚，8K。

### 4.2.3　老年运动鞋设计案例

第一步：需求分析

设计需求：设计一双舒适的老年运动鞋。

前期可以通过类似 ChatGPT 的工具来生成老年运动鞋的设计方案，下面以文心一言为例进行展示。

我　提问一：请以老年舒适运动鞋为主题，给我三个设计方案。

当然。

方案一：减震透气型运动鞋
针对老年人脚部受力较重的特点，设计一种具有良好减震效果的鞋底，以减少长时间站立或行走时的脚部压力。同时，为了保持脚部的干爽，使用透气性良好的材质制作鞋面，避免脚部潮湿和过热。

方案二：轻便稳定型运动鞋
老年人通常需要轻便且稳定的鞋子，因此可以使用轻量化的材质，如网面或超轻合成材料，来减轻鞋子的重量。同时，设计一种具有稳定支撑性能的鞋底，以增强行走时的平衡感。

方案三：智能健康型运动鞋
结合现代科技，设计一种具备智能健康功能的运动鞋。例如，可以集成传感器和记录器，以监测老年人的行走步数、步长、重心移动等数据，并将这些数据通过智能手机 App 进行分析，帮助老年人更好地了解自己的健康状况。同时，鞋子可以采用环保材质制成，并具有抗菌除臭的功能，以提供更健康、更舒适的穿着体验。

我　提问二：将方案二细化为一个专业的老年运动鞋设计方案。

以下是细化后的方案。

老年轻便稳定型运动鞋设计方案

1. 设计理念
为老年人设计一双轻便且稳定的运动鞋，注重舒适性、稳定性和耐用性。

2. 材质选择
鞋面：选择透气性良好的网面材质，以保持脚部的干爽和舒适。
鞋底：使用轻量化的合成材料，如聚氨酯或橡胶，以减轻鞋子的重量。同时，选择具有抗磨损和防滑性能的材质，以确保行走时的稳定性和安全性。

3. 结构设计
鞋垫：设计一种记忆棉鞋垫，根据老年人的脚型进行个性化定制，以增强鞋子的贴合度和舒适度。
鞋带：选择宽大的、易于系紧的鞋带，以确保鞋子能够紧贴老年人的脚部。同时，设计一种可调节的鞋带系统，以适应不同脚型的变化。

鞋跟：设计具有一定高度的鞋跟，以增强行走时的稳定性。同时，考虑鞋跟的形状和硬度，以避免对脚部造成过大的压力。

> 我 提问三：请根据细化后的方案给我推荐两个不同风格的方案。

> 好的。
>
> 简约时尚风格：这种风格以简洁明快为主，注重鞋子的实用性和舒适性。设计上以中性色为主，如白色、黑色、深蓝色或灰色，搭配简单的线条和细节，展现出一种现代感。这种风格适合注重时尚和有品位的老年人。
>
> 经典复古风格：这种风格以传统元素为主，注重鞋子的经典和复古感。设计上可以加入一些传统的元素，如格子花纹、皮革搭扣或手工缝线等，展现出一种怀旧和经典的风格。这种风格适合注重传统和有品位的老年人。

根据以上信息我们就可以提炼出一些自己想要的设计关键词。

风格：简约时尚风。

主题元素：老年运动鞋，宽大鞋带，鞋跟，透气性。

色调：白色，黑色、深蓝色，灰色。

材质：鞋面网面材质，橡胶鞋底。

**第二步：确定老年运动鞋最终设计效果**

根据提炼的设计关键词生成一些创意视觉方案，并反复进行尝试，直到生成自己想要的方案为止，如图4-16和图4-17所示。

图4-16 老年运动鞋效果展示

提示：elderly-friendly sneaker design, fashionable and simple style, white and dark blue color, the upper is made of mesh, rubber sole, wide laces, a certain height of the heel, breathable and comfortable，8K。

翻译：老年运动鞋设计，时尚简约风格，白色和深蓝色相间，鞋面是网面材质，橡胶鞋底，宽鞋带，一定高度的鞋跟，透气性和舒适性，8K。

图4-17　老年运动鞋模特效果展示

提示：female elderly wearing a pair of sneakers with white and dark blue color，the upper is made of mesh material，rubber sole，wide laces，8K。

翻译：女性老人穿着一双白色和深蓝色相间的运动鞋，鞋面由网面材料制成，橡胶鞋底，宽鞋带，8K。

### 4.2.4　总结及展望

AI绘画技术可以用于鞋品设计的前期市场调研、设计创意构思和实现阶段。通过学习大量的图片数据，AI绘画技术可以生成具有艺术性和审美性的鞋品设计图案，为设计师提供新颖的设计思路和灵感。同时，AI绘画技术还可以根据消费者的喜好和需求，快速生成多种设计方案，为消费者提供定制化的鞋品设计服务。

未来，随着科技的不断进步和艺术设计的创新发展，AI绘画与鞋品设计的结合将有更加广阔的应用前景。未来的AI绘画技术可以更加多样化，通过各种装饰元素的组合和创新，为鞋品设计带来更加丰富的视觉效果和艺术表现力。

## 4.3　饰品设计

饰品设计是指对饰品的外观、材质、工艺等方面进行构思、设计、制作的过程。设计师们通过巧妙的构思和精湛的制作技艺，打造出既符合时尚潮流又满足人们个性化需求的饰品。

以下是一些常见的饰品分类方式。

◎ 按佩戴部位分类：可以分为头饰、面饰、项饰、胸饰、首饰、腰饰、脚饰等。头饰主要包括帽子、头巾、发饰等。面饰主要包括眼镜、耳环、鼻环等。项饰主要包括项链、项圈等。胸饰主要包括胸针、胸花等。首饰主要包括戒指、手链、手镯等。腰饰主要包括腰带、腰链等。脚饰主要包括脚链、脚环等。

◎ 按材质分类：可以分为金属饰品、珠宝饰品、塑料饰品、木质饰品、玻璃饰品等。金属饰品主要包括金、银、铜等材质的饰品。珠宝饰品主要包括钻石、珍珠等材质的饰品。塑料饰品主要包括亚克力、PVC等材质的饰品。木质饰品主要包括木制、竹制等材质的饰品。玻璃饰品主要包括磨砂玻璃、压花玻璃等材质的饰品。

◎ 按风格分类：可以分为古典风格饰品、现代风格饰品、民族风格饰品、前卫风格饰品等。古典风格饰品注重传统和历史元素。现代风格饰品追求简约、时尚和舒适。民族风格饰品强调文化和传统。前卫风格饰品则注重创新和标新立异。

## 4.3.1 AI饰品设计通用魔法公式

**通用魔法公式：饰品品类 ＋ 饰品风格 ＋ 饰品调性 ＋ 饰品材质 ＋ 辅助提示**

核心提示：珠宝设计（jewelry design）。

辅助提示：项链（necklace），戒指（ring），耳环（earrings），胸针（brooch），红宝石（ruby），蓝宝石（sapphire），天青石（celestine），青金石（lazurite），月光石（moonstone），紫水晶（amethyst），黄玉（topaz），水晶（crystal），石英（quartz），钻石（diamond），变色石（alexandrite），金绿宝石（chrysoberyl），绿松石（turquoise），祖母绿（emerald）。

## 4.3.2 AI饰品效果展示

### 1. 项链

项链设计应主要考虑项链材质、长度、吊坠细节、其他细节处理、色彩搭配、艺术感与个性等方面，如图4-18所示。

图4-18 项链

提示：necklace design, fashion style, elegance, delicacy, luxurious, noble, pendant, gemstone, pearl, metal, gold, platinum, shape, length, details, craftsmanship, beauty, quality, 8K。

翻译：项链设计，时尚风格，优雅，精致，奢华的，高贵的，吊坠，宝石，珍珠，金属，黄金，铂金，形状，长度，细节，工艺，美观，品质，8K。

## 2. 戒指

戒指的设计特点主要体现在材质选择、形状设计、细节处理、色彩搭配、个性化设计及实用性等方面，如图4-19所示。

图4-19　戒指

提示：ring design, delicacy, noble, unique, ring face, texture, gemstone, pearl, metal, gold, platinum, shape, size, details, craftsmanship, beauty, quality, 8K。

翻译：戒指设计，精致，高贵的，独特的，戒面，质地，宝石，珍珠，金属，黄金，铂金，形状，尺寸，细节，工艺，美观，品质，8K。

## 3. 手镯

手镯的形状各异，常见的有圆形、椭圆形、方形、长方形等。在设计时可以根据佩戴者的个人喜好和特点来选择合适的形状；融入一定的个性化元素，以展现出佩戴者的独特品位和个性特点；并结合不同的文化元素、时尚元素等来创造出独特的风格，如图4-20所示。

提示：bracelet design, simplicity, elegant, individuality, streamlined, texture, gemstone, pearl, metal, gold, platinum, shape, size, details, craftsmanship, fashion, quality, 8K。

翻译：手镯设计，简约，优雅的，个性，流线型的，质感，宝石，珍珠，金属，黄金，铂金，形状，尺寸，细节，工艺，时尚，品质，8K。

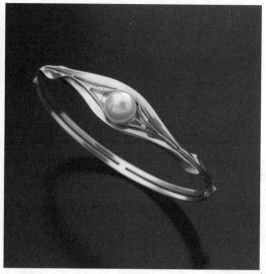

图 4-20 手镯

### 4. 耳环

耳环的材质包括金属、宝石、珍珠、木头等，造型包括圆形、椭圆形、方形、心形等。不同的材质可以呈现出不同的色彩和质感，因此在设计时需要根据不同的需求和场合选择合适的材质。另外，在设计中还需要考虑大小、重量、色彩搭配、艺术感、个性及功能性等元素。这些元素共同构成了耳环的独特魅力和吸引力，如图 4-21 所示。

图 4-21 耳环

提示：earrings design, delicacy, elegant, individuality, pendant, texture, gemstone, pearl, metal, gold, platinum, shape, size, details, craftsmanship, fashion, quality, 8K。

翻译：耳环设计，精致，优雅，个性，吊坠，质感，宝石，珍珠，金属，黄金，铂金，形状，尺寸，细节，工艺，时尚，品质，8K。

### 5. 腰带

腰带的设计特点主要体现在结构组成、宽度、长度、装饰性、功能性、材质选择和细节处理等方面。结构上主要由带体和带扣组成。带体是腰带的主要部分，通常由丝绸、棉织物、皮革等多种材质制成。带扣是皮带的重要组成部分，用于固定皮带本体，通常由金属、玉石、兽骨、水牛角等制成。腰带的宽度一般在2厘米到20厘米，长度则取决于人的腰围和身高。腰带的设计中通常会加入装饰元素，如刺绣、金银镶嵌、压花、雕刻等，如图4-22所示。

图4-22 腰带

提示：belt design, simplicity, elegant, individuality, buckle, texture, decoration, leather, fabric, width, length, details, craftsmanship, fashion, quality, 8K。

翻译：腰带设计，简约，优雅的，个性，带扣，质感，装饰，皮革，面料，宽度，长度，细节，工艺，时尚，品质，8K。

### 6. 胸针

胸针的设计特点主要体现在材质选择、造型设计、色彩搭配、镶嵌工艺、细节处理及尺寸和重量等方面，许多胸针都采用镶嵌工艺，将宝石等贵重材料嵌入金属或其他材质中。这种工艺可以增加胸针的价值和观感，使其更加精美。这些元素共同构成了胸针的独特魅力和吸引力，使其成为珠宝配饰中的重要一员，如图4-23所示。

提示：brooch design, delicacy, fashion, elegant, individuality, pattern, texture, gemstone, pearl, metal, gold, platinum, shape, size, details, craftsmanship, quality, 8K。

翻译：胸针设计，精致，时尚，优雅，个性，图案，质感，宝石，珍珠，金属，黄金，铂金，形状，尺寸，细节，工艺，品质，8K。

图 4-23　胸针

## 7．帽子

帽子的设计特点体现在整体外观、材质选择、结构与功能、装饰元素、文化元素和潮流趋势等方面。其设计要考虑头型和头围尺寸。同时，色彩装饰设计和样板设计也是帽子设计中非常重要的环节。帽子的材质选择非常关键，不同的材质有不同的质感和视觉效果。例如，一些高档的帽子会使用羊皮、牛皮等高品质的皮革材料，而一些运动帽则会使用尼龙、棉质等轻便、透气的材料，如图 4-24 所示。

图 4-24　帽子

提示：hats design, fashion, practicality, personality, style, brim, details, accessories, wool, cotton, leather, size, color, craftsmanship, quality, 8K。

翻译：帽子设计，时尚，实用，个人特色，风格，帽檐，细节，配饰，毛，棉，皮革，尺寸，颜色，工艺，品质，8K。

### 8. 眼镜

眼镜的设计特点体现在镜片形状和尺寸、镜框、鼻托设计、镜腿设计、材质选择、色彩、装饰元素及功能性等方面。镜片的形状和尺寸需要根据佩戴者的脸型和需求进行设计。例如，对于圆形脸型的人，可以选择较窄的眼镜，以增加脸部轮廓的清晰度；而对于方形脸型的人，可以选择较宽的眼镜，以平衡脸部的轮廓。镜框和鼻托的设计也是眼镜设计中的重要环节。不同的材质则可以影响眼镜的重量、舒适度和耐用性。例如，金属材质的眼镜通常比较轻便，而塑料材质的眼镜则比较耐用，如图4-25所示。

图4-25 眼镜

提示：glasses design, fashion, practicality, individuality, taste, frames, details, decoration, metal, plastic, lenses, colors, craftsmanship, quality, 8K。

翻译：眼镜设计，时尚，实用，个性，品味，镜框，细节，装饰，金属，塑料，镜片，颜色，工艺，品质，8K。

### 9. 头巾

头巾的设计特点体现在材质选择、折叠方式、装饰性、功能性和文化元素等方面。头巾的材质通常包括棉、麻、绒线等。头巾也可以作为装饰品，为整体造型增加亮点。例如，可以在头巾上添加刺绣、珠子等装饰元素，也可以选择鲜艳的颜色或图案来增加头巾的视觉效果，如图4-26所示。

提示：headscarf design, fashion, versatility, individuality, style, patterns, details, fabrics, cotton, silk, wool, sizes, colors, craftsmanship, quality, 8K。

翻译：头巾设计，时尚，多功能，个性，风格，图案，细节，面料，棉，丝绸，毛，尺寸，颜色，工艺，品质，8K。

图4-26　头巾

### 4.3.3　男性商务帽子设计案例

第一步：需求分析

设计需求：设计一顶男性商务帽子。

前期可以通过类似ChatGPT的工具来生成设计方案，下面以文心一言为例进行展示。

> 我　提问一：请给我三顶男性商务帽子的设计方案。

好的。

方案一：经典英式礼帽

设计一顶经典的英式礼帽，以黑色或深灰色为主色调，采用高质量的羊毛或羊绒制成。帽子的边缘略微上翘，呈现出一种优雅而正式的风格。这种帽子适合搭配正装出席正式场合，如商务会议、晚宴等。

方案二：现代简约鸭舌帽

设计一顶现代简约风格的鸭舌帽，以中性色为主，如灰色、米色或深蓝色。帽子采用轻质材料制成，如棉麻、混纺或尼龙，具有透气性和舒适性。鸭舌部分略微翘起，呈现出一种时尚而利落的风格。这种帽子适合搭配休闲商务装，展现出一种自信、干练的形象。

方案三：复古报童帽

设计一顶复古风格的报童帽，以棕色或深灰色为主色调，采用羊毛或棉麻混纺制成。帽子具有挺括的帽檐和柔软的帽顶，呈现出一种复古而时尚的风格。这种帽子适合搭配复古风格的商务休闲装，展现出一种个性、时尚的形象。

我 提问二：将方案三细化为一个专业的设计方案。

⬡ 以下是细化后的方案。

复古报童帽设计方案

1. 设计理念

这顶复古报童帽的设计灵感来源于传统的英式报童帽，并巧妙融入了现代时尚元素，呈现出商务男性复古风格。

2. 材质选择

帽顶：选择高质量的羊毛或棉麻混纺材料，确保帽子柔软舒适，同时具有较好的保暖性能。

帽檐：使用较硬的材质，如皮质或合成革，以塑造出挺括的形状，增强帽子的立体感。

衬里：选择柔软的纯棉材质，增加佩戴时的舒适度。

3. 结构设计

帽顶：采用经典的报童帽形状，略微向下凹陷，展现出复古风格。

帽檐：采用可调节的设计，可根据个人喜好进行调整。

饰扣：使用金属饰扣固定帽带，增加时尚感。

4. 色彩与图案

主色调：选择深棕色或深灰色，传达出复古而优雅的气息。

图案：在帽子上加入经典的报纸图案或格子花纹，以增强视觉吸引力。

5. 功能设计

透气性：在帽子的材质中加入透气网眼，以确保佩戴时有良好的透气效果。

防水性：在帽檐等部位加入防水涂层，增强防水性能，适合多雨地区佩戴。

我 提问三：请将上述方案细化成两个不同风格的方案。

⬡ 好的。

英伦复古风格：这种风格强调使用经典、优雅和传统的元素，以英国的传统服饰和文化为灵感来源。在设计中，可以加入一些经典的英伦元素，如格子花纹、皇家蓝色、苏格兰呢等，以展现出一种独特的英伦复古风格。

都市摩登风格：这种风格注重使用简洁、时尚和现代元素，以都市生活的快节奏和现代感为特点。在设计中，可以加入一些现代的设计元素，如流线型的帽檐、简洁的线条、时尚的色彩等，以展现出一种都市摩登风格。

根据以上信息我们就可以提炼出一些自己想要的设计关键词。

风格：英伦复古风。

主题元素：商务男性，报童帽，报纸图案。

色调：深灰色。

材质：羊毛材质，金属扣。

第二步：确定最终设计效果

根据提炼的设计关键词生成一些创意视觉方案，并反复进行尝试，直到生成自己想要的方案为止，如图4-27和图4-28所示。

图4-27　帽子效果展示

提示：newspaper boy hat design，dark gray，English vintage style，wool material，newspaper pattern on the hat，metal buckle，8K。

翻译：报童帽设计，深灰色，英式复古风格，羊毛材质，帽子上有报纸图案，金属扣，8K。

图4-28　模特帽子效果展示

提示：A male wearing a business coat and a dark gray English vintage style woolen newsboy cap with a metal buckle decoration，8K。

翻译：一名男性穿着商务大衣，戴着一顶深灰色英伦复古风的羊毛报童帽，帽子上有金属扣装饰，8K。

#### 4.3.4　总结及展望

　　AI绘画技术为饰品设计带来了前所未有的创新性。它能够通过学习各种艺术风格和技巧，然后生成独特且富有创意的设计方案。在传统饰品设计过程中，设计师需要进行大量的手绘和修改；而AI绘画技术可以快速生成设计方案，并根据需求进行调整，从而大大提高设计效率。AI绘画技术可以融合多种艺术风格和元素，从而为饰品设计提供丰富的灵感来源。这使得设计师能够轻松尝试不同的设计风格和主题，满足多样化的市场需求。

　　结合实时渲染和虚拟现实技术，可以将AI绘画生成的饰品设计方案实时展示在虚拟模特上，实现虚拟试戴。这将有助于设计师、生产商和消费者更直观地了解产品效果，提高购买意愿。AI绘画技术将进一步优化饰品设计方案的生产过程。AI绘画技术可以通过分析材料、工艺和成本等要素，为生产商提供科学的生产建议，帮助降低生产成本，提高产品质量。

　　AI绘画技术可以捕捉和分析人们的情绪变化，为设计师提供富含情感的设计建议。这一技术的应用将使饰品不仅是一种装饰品，更是一种情感表达的载体。另外，随着环保和可持续发展理念成为未来饰品设计的重要考量，AI绘画技术可以帮助设计师在创作过程中融入环保理念，选择环保材料和工艺，推动饰品行业的可持续发展。

# 4.4　家具设计

　　家具设计是指对家具的外观、结构、功能、材料、工艺等方面进行构思、设计、制作的过程。设计师们通过深入的思考和精心的制作，打造出既符合美学原理又满足人们实际使用需求的家具作品。

　　常见的家具分类方式有以下几种。

　　◎ 按家具风格分类：可以分为现代家具、古典家具、欧式家具、美式家具、中式家具等。现代家具追求简约、时尚和舒适。古典家具注重传统和历史元素。欧式家具强调华丽和精致。美式家具注重实用和舒适。中式家具则强调文化和传统。

　　◎ 按家具材质分类：可以分为实木家具、板式家具、金属家具、玻璃家具、塑料家具等。实木家具具有较高的档次和质感。板式家具则轻便易搬运。金属家具具有现代感和时尚感。玻璃家具透明光亮。塑料家具则适用于特定场合和需求。

　　◎ 按家具功能分类：可以分为卧室家具、客厅家具、餐厅家具、书房家具、厨房家具等。卧室家具主要包括床、衣柜、床头柜等。客厅家具主要包括沙发、茶几、电视柜等。餐厅家具主要包括餐桌、餐椅等。书房家具主要包括书桌、书架等。厨房家具主要包括橱柜、餐具柜等。

　　◎ 按特殊用途分类：可以分为儿童家具、老年人家具、医院家具、酒店家具等。

#### 4.4.1　AI 家具设计通用魔法公式

**通用魔法公式：家具设计风格 ＋ 主题背景 ＋ 环境氛围 ＋ 家具材质 ＋ 辅助提示**

核心提示：家具设计（furniture design）。

辅助提示：中国古典家具（Chinese classical furniture），现代家具（modern furniture），欧式家具（European-style furniture），实木（solid wood），大理石（marble），板式（panel），软体（software），藤编（rattan），竹子（bamboo），金属（metal），陶瓷（ceramic），树脂（resin）。

## 4.4.2 AI家具产品效果展示

### 1. 中国古典家具

中国古典家具的设计特点是以结构与材质为基础，注重装饰与文化内涵，追求舒适与实用性，注重色彩与质感，并强调传承与创新。榫卯结构是传统中式家具的重要特征。这种结构方式具有科学性，它能够适应空气湿度的变化。文化内涵方面，中国古典家具深受中国传统文化和哲学思想的影响，如儒家思想、道家思想等。中国古典家具的常用颜色包括红色、黑色、金色等，这些颜色既能彰显华贵，又具有历史感。质感方面，中国古典家具通常采用木质材料，强调自然纹理和触感，如图4-29所示。

图4-29 中国古典家具

提示：Chinese classical furniture design, tradition, elegance, carvings, curves, decorations, rosewood, birch, sizes, functions, details, craftsmanship, quality, 8K。

翻译：中国古典家具设计，传统，优雅，雕刻，曲线，装饰品，红木，桦木，尺寸，功能，细节，工艺，品质，8K。

### 2. 新中式家具

新中式家具的设计特点是以简约大方为基础，融合现代元素，强调功能性、环保和可持续性，注重个性化需求、定制化服务，符合人体工学，追求舒适性和实用性。新中式家具在制作工艺和细节处理上也非常讲究，通常采用各种工艺技术，如饰面工艺、雕刻工艺、漆艺工艺等，使家具更具观赏性和实用性，如图4-30所示。

图4-30　新中式家具

提示：new Chinese-style furniture design，new Chinese interior Master designer Liang Jianguo，modern，unique，fashion，metal cladding，upholstered sofas，Chinese screens，glass cabinet doors，quality，8K。

翻译：新中式风格的家具设计，新中式室内设计大师梁建国，现代的，独特的，时尚，金属包边，软包沙发，中式屏风，玻璃柜门，品质，8K。

### 3. 现代家具

现代家具的设计特点是以简约化、功能性、多元化和个性化为基础，注重环保和可持续性、集成化和智能化、舒适性和人体工程学等方面，如图4-31所示。

图4-31　现代家具

提示：modern furniture design, simplicity, functionality, fashion, practicality, streamlined shapes, clean lines, multi-functional, materials, metals, glass, plastics, sizes, functions, details, craftsmanship, quality, 8K。

翻译：现代家具设计，简约，功能，时尚，实用，流线型形状，简洁线条，多功能，材料，金属，玻璃，塑料，尺寸，功能，细节，工艺，品质，8K。

### 4. 日式家具

日式家具的设计特点是以简约自然为基础，注重实用多功能、精致工艺、天然材质、色彩淡雅及布局合理等。这些特点赋予了日式家具独特的审美价值和实用性，也体现了日本文化中强调自然与人和谐共生的理念，如图4-32所示。

图4-32　日式家具

提示：Japanese-style furniture design, simplicity, nature, geometric shapes, lines, materials, bamboo, birch, tatami, sizes, functions, details, craftsmanship, quality, 8K。

翻译：日式家具设计，简约，自然，几何形状，线条，材料，竹子，桦木，榻榻米，尺寸，功能，细节，工艺，品质，8K。

### 5. 美式家具

美式家具的设计特点是崇尚自然、实用、粗犷大气。造型上它多采用宽大厚重的直线线条，给人一种沉稳、豪放的感觉。同时，在表面处理上，美式家具通常采用磨砂、喷砂等工艺，形成一种独特的粗犷质感。美式家具还融合了多种文化元素，如欧洲古典、亚洲传统等。这种多元化的融合使得美式家具具有更加丰富的风格和特色，如图4-33所示。

图4-33 美式家具

提示：American-style furniture design，spaciousness，comfort，lines，details，practicality，texture，solid wood，oak，walnut，sizes，functions，livability，quality，8K。

翻译：美式家具设计，宽敞，舒适，线条，细节，实用，质地，实木，橡木，胡桃木，尺寸，功能，宜居性，品质，8K。

### 6. 欧式家具

欧式家具的设计特点主要体现在立体感强、造型多变，注重温馨与舒适，兼顾浪漫，注重细节刻画，简洁而又不简单，偏好鲜艳色系及强调空间感和连续性等方面。家具颜色以象牙白为主色调，深色为辅色调，有一种很内敛的美感。同时，它强调大气、贴近自然，继承了传统欧式风格的装饰特点。欧式风格家具在设计上还追求空间变化的连续性和形体变化的层次感，讲究深沉里显露尊贵、典雅中浸透豪华唯美，如图4-34所示。

图4-34 欧式家具

提示：European-style furniture design, grand, sophistication, curves, carvings, decorations, materials, solid wood, oak, mahogany, sizes, functions, details, craftsmanship, intricacy, quality, 8K。

翻译：欧式家具设计，宏伟，精致，曲线，雕刻，装饰品，材料，实木，橡木，红木，尺寸，功能，细节，工艺，精巧，品质，8K。

## 4.4.3 美式厨房设计案例

### 第一步：需求分析

设计需求：设计一个美式风格厨房。

前期可以通过类似ChatGPT的工具来生成设计方案，下面以文心一言为例进行展示。

> 我 提问一：设计一个美式风格厨房，给出三个方案。

> 当然，以下是三个美式风格厨房的设计方案。
>
> 方案一：经典白色厨房
> 设计一个经典的白色厨房，采用柔和的白色作为主色调，搭配木质橱柜和石英石台面。墙壁上可以挂上一些简约的装饰画或摆放一些绿植，增加室内的温馨感和自然感。这种设计风格适合小型住宅和公寓，给人一种清新、明亮的感觉。
>
> 方案二：乡村风格厨房
> 设计一个乡村风格的厨房，采用木质橱柜和天然石材的台面。墙壁上可以挂上一些陶瓷装饰品和铁艺装饰品，增加室内的乡村气息。此外，可以选择一些木质餐椅和铁艺椅子，让整个空间显得温馨而舒适。这种设计风格适合大型住宅和别墅，给人一种回归自然的感觉。
>
> 方案三：现代简约风格厨房
> 设计一个现代简约风格的厨房，采用黑色、白色和灰色的色调。橱柜和台面可以选择高级石材或人造石材，墙壁上可以选择一些简约的装饰画或瓷砖。此外，可以选择一些现代化的厨房电器和餐具，让整个空间显得时尚而现代。这种设计风格适合中型住宅和公寓，给人一种简洁、明快的感觉。

> 我 提问二：将方案二细化成一个专业的设计方案。

> 以下是方案二的细化设计方案。

乡村风格厨房设计方案

1. 设计理念
乡村风格厨房设计灵感来源于美国乡村的温馨、自然风光，以及丰富的历史文化。设计旨在营造一种回归自然、舒适温馨的烹饪环境。

2. 色彩与材质
主色调：选择木质色和自然石材的颜色，如原木色、浅木色、深木色和灰色等，以营造乡村自然的氛围。
材质：使用木质橱柜和台面，选择高质量的木材，如橡木、松木或胡桃木等。同时，在局部使用天然石材，如大理石或花岗岩，以增强质感和耐用性。

3. 布局与流线

厨房布局：采用经典的"L"型或"U"型厨房布局，根据厨房空间的大小和形状进行合理规划。

流线设计：确保厨房操作流程顺畅，避免不必要的走动和交叉。例如，将常用物品放置在随手可及的位置。

4. 家具与装饰

家具：选择木质餐椅或铁艺椅子，营造出乡村气息。同时，可以添加一些复古的装饰品，如铁艺挂钟、陶瓷餐具等。

装饰：在墙壁上挂上一些陶瓷装饰品或铁艺装饰品，增加室内的乡村气息。此外，可以选择一些木质或铁艺的挂件和摆件作为装饰。

根据以上信息我们就可以提炼出一些自己想要的设计关键词。

风格：乡村风格。

主题元素：L型厨房，铁艺装饰品，餐椅，椅子，餐具。

色调：原木色。

材质：橡木，大理石。

## 第二步：确定最终设计效果

根据提炼的设计关键词生成一些创意视觉方案，并反复进行尝试，直到生成自己想要的方案为止，如图4-35所示。

图4-35　厨房效果展示

提示：L-shaped American kitchen design, American country style, original wood color dining table, marble top, oak chairs, candles, utensils, warm color wall lamps, iron decorations, 8K.

翻译：L型美式厨房设计，美式乡村风格，原木色餐桌，大理石桌面，橡木椅子，蜡烛，餐具，暖色壁灯，铁艺装饰，8K。

### 4.4.4 总结及展望

AI绘画技术与家具设计的结合具有以下优势。

◎ 创新性：AI绘画技术的引入为家具设计领域注入了前所未有的创新活力。设计师能够借助AI绘画技术探索各种新颖的造型和风格，融合现代艺术和科技元素，创造出别具一格的家具设计作品。

◎ 多样性：AI绘画技术可以融合各种艺术风格和元素，为家具设计提供丰富的灵感来源。设计师可以利用AI绘画技术设计出多样化的家具产品，满足不同人群的需求和喜好。

◎ 可持续性：通过选用环保材料并优化生产流程，AI绘画技术结合家具设计有助于实现绿色设计和低碳排放，推动家具行业的可持续发展。

◎ 个性化：AI绘画技术能够分析客户的审美偏好和购买行为，为设计师提供精准的定制化建议，从而满足客户的个性化需求。

AI绘画技术与家具设计的未来发展趋势有以下几点。

◎ 增强人机互动：未来的家具设计将更加注重人机互动的融合。AI绘画技术将使设计师与机器之间的协作更加高效，设计师可以充分发挥自己的创意和艺术感，同时借助AI绘画技术的优势，创造出更出色的家具设计作品。

◎ 智能化设计：随着人工智能技术的不断发展，未来的家具设计将更加智能化。AI绘画技术将帮助设计师在设计中考虑更多的因素，如人体工程学、材料性能等，从而实现更加智能化的设计。

◎ 结合虚拟现实技术：结合虚拟现实技术，未来的家具设计将可以实现更加沉浸式的体验。设计师可以通过虚拟现实技术将客户带入一个虚拟的家居环境中，让客户亲身体验到家具的设计风格和实际效果，从而更直观地感受产品的魅力。

## 4.5 电子产品设计

电子产品设计是指对电子产品的外观、结构、功能、性能、材料、工艺等方面进行构思、设计和开发（或实现）的过程。它涉及电子产品的款式、色彩、材质、工艺等多个方面，以满足人们在不同场合下的使用要求。

电子产品的分类有多个角度，以下是一些常见的分类方式。

◎ 按用途分类：可以分为民用电子产品、工业用电子产品、军用电子产品等。民用电子产品主要包括通信类电子产品（如手机、对讲机等）、家用电器（如电视机、洗衣机等）等；工业用电子产品主要包括测量仪器（如示波器、信号发生器等）、自动化设备（如回流焊机、贴片机等）、工业控制设备等；军用电子产品主要包括雷达、野战通信系统等。

◎ 按产品结构分类：可以分为整机产品和元器件产品。整机产品是指完整的电子产品；元器件产品是指构成电子产品的单个元件或组件，如电阻器、电容器、集成电路等。

◎ 按特殊用途分类：可以分为医疗电子产品、航空航天电子产品、汽车电子产品等。医疗电子产品主要用于医疗诊断和治疗，如医疗影像设备、心电图机等；航空航天电子产品主要用于航空航天领域，如航空仪表、导航设备等；汽车电子产品主要用于汽车领域，如车载导航系统、汽车音响等。

## 4.5.1 AI 电子产品设计通用魔法公式

**通用魔法公式：产品品类 + 产品风格 + 产品调性 + 产品材质 + 辅助提示**

核心提示：工业设计（industrial design）。

辅助提示：电脑（computer），手机（mobile phone），数码相机（digital camera），洗衣机（washing machine），冰箱（refrigerator），金属（metal），塑料（plastic），碳纤维（carbon fiber），金属合金（metal alloys）。

## 4.5.2 AI 电子产品效果展示

### 1. 手机

手机的设计需要综合考虑功能性、便携性、时尚性、人体工程学、耐久性、可靠性、多媒体功能及智能化等方面的因素，以满足用户的需求和提高用户体验，如图4-36所示。

图 4-36  手机

提示：mobile phone design, industrial design, Apple style, streamlined, interface, details, materials, metals, glass, plastic, sizes, functions, display screen, camera, human-computer interaction, user experience, convenience, innovation, 8K.

翻译：手机设计，工业设计，苹果风格，流畅的，界面，细节，材料，金属，玻璃，塑料，尺寸，功能，显示屏，摄像头，人机交互，用户体验，便捷，创新，8K。

### 2. 笔记本

笔记本的设计需要考虑移动性、高效性、电池续航、显示质量、键盘舒适、美观大方、耐用性、可靠性及扩展性等方面。这些特点需要相互协调和平衡，以打造一款功能强大、易于使用且具有良好用户体验的笔记本，如图4-37所示。

图4-37　笔记本

提示：computer design，Microsoft style，efficiency，appearance，display screen，operating interface，materials，metal alloys，plastic，sizes，configurations，processor，storage space，heat dissipation，quietness，comfort，8K。

翻译：电脑设计，微软风格，效率，外观，显示屏，操作界面，材料，金属合金，塑料，尺寸，配置，处理器，存储空间，散热，安静，舒适，8K。

### 3. 音响

音响的设计需要关注音质呈现、外观设计、操作便捷、个性化与定制化等方面。这些特点需要相互协调和平衡，以打造一款功能强大、易于使用且具有良好用户体验的音响，如图4-38所示。

图4-38　音响

提示: speaker system design, fashion, high-quality sound, appearance, audio output, operating interface, materials, wood, metal, sizes, power capacities, Bluetooth speakers, home theater systems, sound performance, user experience, music, purity, impact, 8K。

翻译: 扬声器系统设计，时尚，高品质声音，外观，音频输出，操作界面，材料，木材，金属，尺寸，功率容量，蓝牙扬声器，家庭影院系统，声音表现，用户体验，音乐，纯度，音效，8K。

### 4. 数码相机

数码相机的设计特点包括便携性、实时预览、可编辑性、大容量存储、镜头与取景的独特设计、外表美观，它可以为用户提供丰富的拍摄体验，如图4-39所示。

图4-39 数码相机

提示: digital camera design, modern style, innovation, appearance, image capturing, operating interface, materials, metal alloys, plastic, sizes, functions, sensors, autofocus, 8K。

翻译: 数码相机设计，现代风格，创新，外观，图像捕捉，操作界面，材料，金属合金，塑料，尺寸，功能，传感器，自动聚焦装置，8K。

### 5. 电视机

电视机的设计需要关注屏幕尺寸、屏幕厚度、屏幕形态、智能化操作系统设计、个性化外观设计等多个方面。这些设计要素使得电视机能够满足用户多样化的需求，提供更好的观看体验和生活品质，如图4-40所示。

提示: television design, modern style, high-definition, appearance, display screen, operating interface, materials, metal, plastic, sizes, functions, ultra-thin bezels, image display, smart, application system, picture quality performance, user experience, audiovisual experience, 8K。

翻译: 电视设计，现代风格，高清，外观，显示屏，操作界面，材料，金属，塑料，尺寸，功能，超薄边框，图像显示，智能，应用系统，画质表现，用户体验，视听体验，8K。

图4-40 电视机

## 6. 投影仪

投影仪的外观设计特点包括造型简约时尚、色彩多样、材质优质、体积轻便、细节考究及环保设计等。其中，在色彩选择方面设计师常常会采用多种颜色搭配，或者采用与家居环境相协调的颜色，以增加投影仪的装饰性和融入感，如图4-41所示。

图4-41 投影仪

提示：projector design, modern style, high image quality, appearance, projection effect, operating interface, materials, plastic, metals, sizes, functions, handheld projector, home theater projector, picture performance, user experience, visual feast, 8K。

翻译：投影仪设计，现代风格，高画质，外观，投影效果，操作界面，材料，塑料，金属，尺寸，功能，手持投影仪，家庭影院投影仪，画面表现，用户体验，视觉盛宴，8K。

### 7. 洗衣机

洗衣机外观设计的特点包括色彩和造型的时尚性、材质和质感的舒适性、结构的合理性和高效性、细节处理的精致程度及环保理念的融入等，如图4-42所示。

图4-42　洗衣机

提示：washing machine design, industrial design, modern style, efficiency, appearance, washing programs, operating interface, materials, plastic, metals, sizes, capacities, portable washer, home washer, washing performance, user experience, laundry tasks, 8K。

翻译：洗衣机设计，工业设计，现代风格，效率，外观，洗涤程序，操作界面，材料，塑料，金属，尺寸，容量，便携式洗衣机，家用洗衣机，洗涤性能，用户体验，洗衣任务，8K。

### 8. 冰箱

冰箱的外观设计特点包括线条流畅、色彩搭配合理、材质选择恰当、细节处理精致（门把手、按钮等）及创新设计等，如图4-43所示。

图4-43　冰箱

提示：refrigerator design, industrial design, modern style, smart, appearance, storage space, control system, materials, metals, plastic, sizes, functions, multi-temperature zone control, automatic defrosting, energy-saving mode, freshness preservation, user experience, food, beverages。

翻译：冰箱设计，工业设计，现代风格，智能，外观，储藏空间，控制系统，材料，金属，塑料，尺寸，功能，多温区控制，自动除霜；节能模式，保鲜，用户体验，食品，饮料。

### 9. 心电图机

心电图机的设计需要考虑记录纸的运动方向（心电图机的记录纸通常从左到右移动，记录心脏的电活动的变化）、波形特征、形态、大小、颜色及伪影识别等要素，如图 4-44 所示。

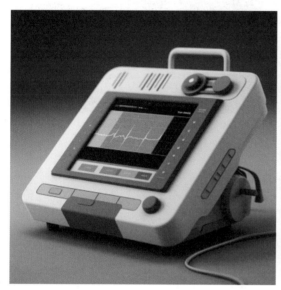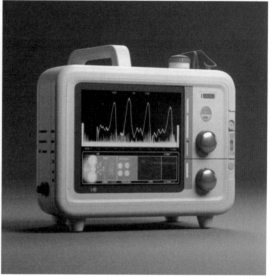

图 4-44  心电图机

提示：electrocardiogram machine design, industrial design, modern style, precision, appearance, display screen, control panel, materials, plastic, metals, sizes, functions, automatic measurements, data storage, wireless transmission, signal quality, user experience, medical personnel, cardiac health, 8K。

翻译：心电图机设计，工业设计，现代风格，精度，外观，显示屏，控制面板，材料，塑料，金属，尺寸，功能，自动测量，数据存储，无线传输，信号质量，用户体验，医务人员，心脏健康，8K。

### 10. 汽车

汽车设计需考虑线条设计、结构设计、环保设计，如图 4-45 所示。

提示：German automotive design, industrial design, Mercedes-Benz, meticulous craftsmanship, exceptional performance, appearance, front grille design, body lines, materials, metals, carbon fiber, sizes, types, luxury sedans, sports cars, SUVs, driving experience, quality, 8K。

翻译：德国汽车设计，工业设计，梅赛德斯-奔驰，精湛工艺，卓越性能，外观，前格栅设计，车身线条，材料，金属，碳纤维，尺寸，类型，豪华轿车，跑车，SUVs，驾驶体验，品质，8K。

图4-45 汽车

## 4.5.3 蓝牙耳机设计案例

### 第一步：需求分析

设计需求：为时尚女性设计一副蓝牙耳机。

前期可以通过类似ChatGPT的工具来生成设计方案，下面以文心一言为例进行展示。

> 我 提问一：为时尚女性设计一副蓝牙耳机，请给我三个方案。

> ◎ 当然可以，以下是三个为时尚女性设计的蓝牙耳机方案。
>
> 方案一：优雅时尚型
> 这款蓝牙耳机的设计主打时尚且优雅；采用轻量化材料，如金属和塑料，以确保佩戴的舒适性和产品的耐用性。外观上，可以选择柔和的曲线和闪亮的表面，以展现出女性优雅的气质。在颜色方面，可以选择粉色、白色或淡蓝色等女性化的色调。另外，可以考虑添加一些装饰性的元素，如闪亮的宝石或金属装饰片，以增强耳机的时尚感。
>
> 方案二：小巧便携型
> 这是一款小巧便携的蓝牙耳机。它采用小巧的体积和轻盈的材质，如碳纤维和塑料。外观上，可以选择圆润的形状和简洁的设计风格，以展现出女性时尚且简约的气质。在颜色方面，可以选择淡雅和清新的色调，如粉色、淡紫色或天蓝色。另外，可以考虑添加一些小巧的装饰性元素，如小巧的金属标志或闪亮的细节装饰，以增强耳机的时尚感。
>
> 方案三：智能功能型
> 这款蓝牙耳机结合了智能功能的设计。除了基本的听音乐和接听电话的功能外，还可以集成更多的智能功能。

例如，可以添加语音助手，方便用户通过语音控制耳机；也可以添加感应式触摸屏，让用户通过触摸屏进行操作；还可以添加健康监测功能，如心率监测和运动记录等。在外观设计上，可以选择更为流线型和现代化的风格，以展现出女性的时尚感与科技感。颜色方面，可以选择炫酷和深邃的色调，如黑色、灰色或深蓝色。另外，也可以考虑添加一些智能感应元素，如红外线感应器或运动检测传感器等。

| 我 | 提问二：将方案二细化为一个专业的蓝牙耳机设计方案。

⬡ 以下是细化后的方案。

小巧便携型蓝牙耳机设计方案

1. 设计概述
这款小巧便携型蓝牙耳机专为时尚女性设计，具有轻盈、小巧和便携的特点。它采用先进的材料技术和精致的工艺，体积小巧且轻便，音质卓越，舒适度较好。

2. 外观设计
形状：选择椭圆形的外观形状，能够更好地贴合耳朵，提供舒适的佩戴体验。

材质：主要采用轻质材料，如碳纤维和塑料，以实现轻盈的重量和小巧的体积。同时，采用耐磨、防滑的材质，确保耳机在携带和使用过程中的稳定性。

颜色：提供柔和的色彩，如粉紫色、紫色或天蓝色等，以展现女性时尚且清新的气质。

| 我 | 提问三：请将上述方案细化成两个不同风格的方案。

⬡ 好的。
简约现代风：这种风格注重耳机的简约、现代和时尚感。设计上可以采用简洁的线条和几何形状，展现出现代感。颜色上可以选择中性或淡雅的色调，如白色、银色或灰色，以突出简约风格。材质上可以使用光滑的表面处理和精细的工艺，提升质感和触感。

浪漫优雅风：这种风格注重耳机的浪漫、优雅和女性化特点。设计上可以采用流畅的曲线和柔和的形状，展现出柔美之感。颜色上可以选择温暖的粉色、香槟金或淡紫色，以增添浪漫和温柔的气息。材质上可以使用细腻的纹理和温润的表面处理，营造出优雅的格调。同时，可以添加一些小巧的装饰性元素，如花朵、珠宝或蕾丝等，以增强浪漫气息。

根据以上信息我们就可以提炼出一些自己想要的设计关键词。
风格：浪漫优雅风。
主题元素：蓝牙耳机，小巧便携，椭圆形外观，花朵装饰。
色调：粉紫色。
材质：塑料，金属。
第二步：确定最终设计效果
根据提炼的设计关键词生成一些创意视觉方案，并反复进行尝试，直到生成自己想要的方案为止，如图4-46和图4-47所示。

图4-46　耳机效果展示

提示：women's Bluetooth headset design，romantic style，pinkish purple，plastic material，compact and portable，oval appearance，flower decoration，8K。

翻译：女性蓝牙耳机设计，浪漫风格，粉紫色，塑料材质，小巧便携，椭圆形外观，花朵装饰，8K。

图4-47　耳机模特效果展示

提示：A young woman wearing a tiny pink and purple Bluetooth headset，8K。

翻译：一名年轻女性戴着小巧的粉紫色蓝牙耳机，8K。

### 4.5.4　总结及展望

◎ 美学与功能性的平衡：AI绘画技术可以帮助设计师在美学和功能性之间找到更好的平衡。通过分析用户需求和偏好，AI可以为设计师提供有针对性的建议，使产品既美观又实用。

◎ 材料与工艺优化：AI绘画技术可以辅助设计师在材料选择和工艺优化方面做出更明智的决策，从而提高产品的质量和性能。

◎ 个性化定制：借助AI绘画技术，设计师可以根据用户的喜好和需求，设计出独一无二的产品，满足消费者对个性化的追求。

◎ 智能互联与物联网整合：AI绘画技术可以辅助设计师设计出能与其他智能设备无缝连接的产品，为用户提供更便捷、更智能的生活体验。

# 4.6　结束语

总的来说，AI绘画技术在产品设计中的应用可以提高设计的效率和质量，促进跨界合作和创新等。首先，AI绘画技术可以优化产品设计方案，从色彩、形状、材质等方面对设计师的作品进行分析和评估，并提出优化建议；其次，AI绘画技术可以通过计算机图形学技术，生成虚拟的产品原型，提供给用户进行体验和测试，从而获取用户的反馈和建议，进一步优化产品设计。再次，AI绘画技术可以用于仿真测试，预测产品的性能和表现，为产品设计和生产提供参考。最后，AI绘画技术可以促进不同领域的设计师之间的跨界合作和创新，帮助他们学习和融合不同领域的设计元素和风格，创造出更具创意和个性的作品。

未来，随着AI绘画技术的不断发展和完善，产品设计与AI绘画技术的结合将更加紧密，从而帮助设计师创造出更多优秀的产品设计作品。

第5章

AI绘画在摄影
领域的应用

## 本章导读

　　摄影是一门随着技术发展而逐渐成熟的应用科学，它以摄影光学、摄影化学和电子技术为基础，在长期实践中形成了独具特色的拍摄体系。

　　根据不同的划分标准，我们可以将摄影分为以下几种类型。

　　◎ 从拍摄题材上，可分为人像摄影、风光摄影、人文摄影、新闻纪实摄影、舞台摄影、运动摄影等。

　　◎ 从拍摄器材上，可分为手机摄影、单反摄影、微单摄影等。

　　◎ 从拍摄时间上，可分为白天摄影、夜间摄影等。

　　◎ 从拍摄角度上，可分为平视摄影、仰视摄影、俯视摄影等。

　　摄影的历史可以追溯到19世纪中叶。1839年，法国摄影家达盖尔（Daguerre）发明了世界上第一台照相机——达盖尔可携式伸缩木箱照相机。此后，随着科学技术的不断发展，相机的性能和功能也不断得到改进和完善。20世纪初，德国人奥斯卡·巴纳克（Oskar Barnack）研制出了世界上第一台135照相机，这一创新极大地推动了摄影艺术的发展，并逐渐形成了今天我们所熟悉的摄影体系。

　　AI绘画在摄影领域的应用主要体现在以下几个方面。

　　◎ 风格转换：AI绘画技术能够将摄影作品转换为不同风格的艺术作品，如油画、水彩、素描等。这种转换不仅能让作品更具艺术感，而且能为摄影师提供更多创意选择。

　　◎ 图像修复：AI绘画技术可以用于修复破损、模糊、老化的摄影作品，通过智能分析和处理去除噪点、划痕等瑕疵，显著提升图像质量。

　　◎ 人像美化：AI绘画技术可以对人像照片进行美化处理，如磨皮、美白、瘦身等，自动识别人脸并对其进行智能优化，使人像照片更具艺术感和美感。

　　◎ 场景合成：AI绘画技术可以将不同的摄影作品的元素巧妙融合，创造出全新的场景和意境，为摄影创作带来无限可能。

　　◎ 自动化后期处理：AI绘画技术可以自动化进行后期处理，如调整色彩、亮度、对比度等参数，优化图像的整体效果，提升作品的艺术价值和观赏性。

　　总的来说，AI绘画不仅提升了摄影作品的艺术感和美感，还为摄影师提供了更多的创作灵感和选择空间，同时也在图像修复和后期处理方面发挥了重要作用。随着AI技术的不断发展和完善，AI绘画在摄影领域的应用将会更加广泛和深入。

　　接下来我们将分别介绍AI绘画技术在电商摄影、人物摄影、创意摄影中的应用。

# 5.1　电商摄影

　　电商摄影是以电商平台上的产品拍摄照片，来展示产品的外观、特点和细节。这种摄影类型的主要目的是通过拍摄出的高质量图片来吸引消费者的注意力，并激发其购买欲望。电商摄影涵盖了多个领域和产品，如服装、珠宝、数码产品、家居用品等。

　　在进行电商摄影时，摄影师需要对产品进行深入了解和分析，确定最佳的拍摄角度、光线和背景等。同时，他们还需要考虑图片在电商平台上的显示效果，如大小、分辨率等，以确保图片的质量和清晰度。此外，电商摄影还需要遵循一定的规范和标准，如尺寸、格式、文件名等，以便于电商平台的使用和管理。

## 5.1.1　AI 电商摄影通用魔法公式

**通用魔法公式：商品类型 ＋ 电商摄影 ＋ 环境描述 ＋ 辅助提示**

**核心提示**：电商摄影（e-commerce photography）。

**辅助提示**：商业摄影（commercial photography），产品海报（product poster），霓虹灯（neon lamp），广告摄影（advertising photography），杂志摄影（magazine photography），获奖摄影（award-winning photography）。

## 5.1.2 AI 电商摄影效果展示

### 1. 彩妆产品摄影

彩妆产品摄影的特点在于准确地展示产品特点，呈现美感与艺术性，注重细节处理，具备创意和个性化及适应市场需求。这些特点使得彩妆产品摄影能够为消费者提供高质量的视觉体验，增强消费者对产品的认知度和购买意愿，如图5-1所示。

图5-1 彩妆产品摄影

**提示**：beauty, cosmetics, e-commerce photography, photo, products, lipsticks, eyeshadow palettes, liquid foundation, lighting, texture, colors, background, details, packaging design, fashion, appeal, 8K。

**翻译**：美丽，化妆品，电商摄影，照片，产品，口红，眼影盘，粉底液，灯光，质感，颜色，背景，细节，包装设计，时尚，吸引力，8K。

### 2. 五金产品摄影

五金产品摄影的特点在于展现细节和质感，强调功能和用途，突出轮廓和层次感，如图5-2所示。

**提示**：hardware profiles, e-commerce photography, photo, products, steel pipes, angle irons, lighting, details, texture, background, dimensions, shapes, surface treatments, professional, appeal, 8K。

**翻译**：硬件型材，电商摄影，照片，产品，钢管，角铁，灯光，细节，纹理，背景，尺寸，形状，表面处理，专业，吸引力，8K。

图5-2　五金产品摄影

### 3. 珠宝首饰摄影

珠宝首饰摄影的特点在于强调高度专业性、质感与光泽、创意与艺术性、后期处理与优化、精确的布光和布局，以及适应不同材质和工艺等，如图5-3所示。

图5-3　珠宝首饰摄影

提示：jewelry, e-commerce photography, photo, products, necklaces, rings, bracelets, lighting, shine, details, background, gemstone cuts, metal textures, craftsmanship, luxurious, appeal, 8K。

翻译：珠宝，电商摄影，照片，产品，项链，戒指，手链，灯光，闪耀，细节，背景，宝石切割，金属纹理，工艺，奢华的，吸引力，8K。

### 4. 电子产品摄影

电子产品摄影的特点在于高清晰度、色彩丰富、质感真实、展示环境、创意性和技术性。这些特点使得电子产品摄影在产品宣传、广告制作、电子商务等领域中得到广泛应用，如图5-4所示。

图5-4　电子产品摄影

提示：electronics，e-commerce photography，photo，products，smartphones，tablets，headphones，lighting，details，features，background，screen displays，button arrangements，exterior materials，technology，appeal，8K。

翻译：电子产品，电商摄影，照片，产品，智能手机，平板电脑，耳机，灯光，细节，特点，背景，屏幕显示，按钮排列，外观材料，技术，吸引力，8K。

### 5. 食品摄影

食品摄影的特点在于色彩鲜艳、细节丰富、光线柔和、创意性、背景简洁和构图合理。这些特点使得食品摄影能够准确地传达食品的诱人之处，提高观众的食欲和购买欲望，如图5-5所示。

图5-5　食品摄影

提示：food，e-commerce photography，photo，products，chocolates，wines，coffees，lighting，colors，textures，background，taste，aroma，packaging design，enticing，appeal，8K。

翻译：食品，电商摄影，照片，产品，巧克力，葡萄酒，咖啡，灯光，颜色，纹理，背景，味道，香气，包装设计，诱人的，吸引力，8K。

### 6. 皮具箱包摄影

皮具箱包摄影的特点在于质感展现、色彩饱满、轮廓清晰、细节丰富、背景简洁及功能性展示，如图5-6所示。

图5-6　皮具箱包摄影

提示：leather suitcases and bags，e-commerce photography，photo，products，handbags，backpacks，wallets，lighting，textures，details，background，materials，designs，craftsmanship，fashion，appeal，8K。

翻译：皮具箱包，电商摄影，照片，产品，手袋，背包，钱包，灯光，纹理，细节，背景，材料，设计，工艺，时尚，吸引力，8K。

## 5.1.3　钻石戒指设计案例

### 第一步：需求分析

设计需求：为钻石戒指设计一组电商照片。

前期可以通过类似ChatGPT的工具来生成设计方案，下面以文心一言为例进行展示。

---

我　提问一：请给我三个关于钻石戒指电商照片的拍摄方案。

---

当然可以，以下是三个关于钻石戒指电商照片的拍摄方案。

方案一：简约优雅风

白色背景高清照：在纯白色背景下拍摄高清的钻石戒指照片，凸显钻石的纯净与闪耀；可以适当使用柔光箱，确保光线均匀，不产生过强的反射。

45°角特写：从45°角拍摄戒指的特写，展现钻石的切割工艺和光泽；使用微距镜头捕捉细节，让消费者能够感受到其精湛的工艺。

佩戴展示：选择手型好看的模特，轻轻佩戴戒指，展示其佩戴效果；确保手指与戒指完美贴合，呈现出自然、优雅的效果。

**方案二：浪漫复古风**

复古背景：选择淡雅复古的背景，如淡紫色或淡金色的丝绸或天鹅绒；让戒指与背景相互辉映，展现出浪漫复古的氛围。

侧光照射：使用侧光照射，突出钻石的立体感和光泽；可以适当加入一些光斑或光晕，营造出梦幻的效果。

戒指与花卉组合：将戒指与一些淡色花卉组合在一起，如玫瑰或百合；展现出戒指与自然的和谐之美，增添浪漫气息。

**方案三：现代简约风**

黑色背景：选择黑色背景，使钻石的光芒更加突出，通过对比，让消费者更加关注戒指的设计和质感。

多角度展示：从不同角度如正面、侧面、俯视等展示戒指，让消费者能够全面了解戒指的外观和设计。

动态佩戴效果：捕捉模特佩戴戒指的动态效果，如轻轻转动手指、挥手等，展现出戒指在日常生活中的自然美感。

---

我　提问二：将方案二细化为一个专业的拍摄方案。

---

以下是细化后的方案。

浪漫复古风钻石戒指拍摄方案

**1. 前期策划**

确定主题：明确本次拍摄的主题为"浪漫复古风"，以淡紫色或淡金色的丝绸或天鹅绒为背景，展现钻石戒指的优雅与浪漫。

挑选钻石戒指：选择一款具有复古设计和精美工艺的钻石戒指。

准备道具：准备一些复古风格的道具，如旧时的珠宝盒、复古相机、玫瑰花等，以增强整体的复古氛围。

**2. 拍摄环境布置**

选择拍摄场地：选择一个室内拍摄场地，确保环境安静、整洁，以避免外界干扰。

布置背景：将淡紫色或淡金色的丝绸或天鹅绒悬挂在背景架上，确保背景的色彩和材质与戒指的风格相匹配。

布置灯光：使用柔光箱和透射伞，确保光线分布均匀且柔和，以避免产生过强的对比和阴影。

---

我　提问三：在上述方案中增加女性模特佩戴效果。

---

模特妆发设计：为模特设计优雅而复古的妆发，如淡雅的眼妆、复古的发型等；可以在模特的头发或肩膀上添加一些装饰性的元素，如花朵或蝴蝶结，以增强女性的柔美气质。

服装搭配：为模特选择适合的服装，如复古风格的礼服或华丽的晚装，以突出钻石戒指的优雅与浪漫；可以选择一些具有女性特色的服装，如带有蕾丝或网纱的礼服，以展示女性柔美的气质。

角度选择：从不同角度如正面、侧面、俯视等拍摄戒指，展现钻石戒指的设计和工艺；可以拍摄一些特写镜头，如戒指的铸造工艺和闪耀的钻石。

光影调控：通过调整灯光的角度和亮度，营造出浪漫而神秘的氛围，突出钻石的光泽和质感；可以使用一些滤镜或特效来增强照片的复古感。

模特表现：引导模特以自然、优雅的姿势佩戴戒指，展现出戒指在日常生活中的自然美感；同时，可以拍摄一些模特与戒指的互动镜头，如佩戴、摘下或手指轻触戒指等。

根据以上信息我们就可以提炼出一些自己想要的设计关键词。

风格：浪漫复古风。

主题元素：钻石戒指，天鹅绒背景，黑色背景，侧面角度，珠宝盒，玫瑰花。

色调：淡紫色，淡金色。

材质：天鹅绒，钻石。

**第二步：确定最终设计效果**

根据提炼的设计关键词生成一些创意视觉方案，并反复进行尝试，直到生成自己想要的方案为止，如图5-7和图5-8所示。

图5-7　钻石戒指产品摄影

提示：e-commerce photograph, romantic vintage style, diamond ring, mauve velvet background, captured from a side angle, decorated with a jewelry box and white roses, 8K。

翻译：电商摄影，浪漫复古风格，钻石戒指，淡紫色天鹅绒背景，侧面角度拍摄，珠宝盒和白色玫瑰花作为装饰，8K。

图5-8　钻石戒指模特摄影

**提示**：a model wearing a diamond ring on her hand，captured from a side angle，romantic vintage style，8K。

**翻译**：一名模特手上佩戴着一颗钻石戒指，侧面角度拍摄，浪漫复古风格，8K。

### 5.1.4　总结及展望

AI绘画与电商摄影的结合具有以下优势。

◎ 创新视觉效果：AI绘画技术可以通过生成独特的视觉效果等创意设计，为电商产品带来更多的吸引力和差异化；打破传统摄影的限制，为产品打造个性化的形象，提高其市场竞争力。

◎ 提高效率：AI绘画技术可以自动化地处理大量图像数据，从而减轻电商摄影师的工作负担。通过使用AI绘画技术，摄影师可以更快地生成高质量的视觉效果，从而缩短拍摄周期，提高拍摄效率。

◎ 降低成本：AI绘画技术可以降低电商摄影的成本。与传统摄影相比，AI绘画技术不需要大量的设备和人力投入，可以节省拍摄成本和人力资源。此外，AI绘画技术可以生成多种视觉效果，降低了制作多个版本的需求，进一步降低了成本。

◎ 更好地呈现产品的特点：AI绘画技术可以根据产品的特点和需求进行定制化的视觉设计，更好地呈现产品的特点和优势。通过将AI绘画技术与电商摄影相结合，可以更加生动、形象地展示产品，提高消费者对产品的认知度和购买意愿。

未来，随着AI技术的不断进步和发展，AI绘画与电商摄影的结合将越来越紧密。一方面，AI绘画技术智能化、自动化和个性化水平的提升，将能够更好地满足电商摄影的需求。另一方面，随着消费者对视觉效果的追求不断提高，AI绘画技术将在电商摄影领域发挥更大的作用，推动电商行业的发展和创新。

## 5.2　人物摄影

人物摄影是以人物为主要创作对象的摄影形式。这种摄影类型的主要目的是通过拍摄人物的外貌、神态、动作和表情等来表现人物的性格、情感和经历等，以吸引观众的关注并产生共鸣。

人物摄影可以分为多种类型，如肖像摄影、人像摄影、纪实摄影等。肖像摄影主要是拍摄人物的面部特征，以表现人物的身份、性格和气质等。人像摄影主要是通过拍摄人物的身体和动作等来表现人物的情感和经历等。纪实摄影则是以记录人物的生活，展示人物的真实状态和生活场景等为主要目的。

应用AI绘画技术，可实现背景替换、人像美化、风格转换、虚拟试装与配饰、自动化后期处理功能。

### 5.2.1　AI人物摄影通用魔法公式

**通用魔法公式：摄影类型 ＋ 人物形象 ＋ 拍摄视角 ＋ 摄影关键词 ＋ 辅助提示**

**核心提示**：人像摄影（portrait photography）。

**辅助提示**：超级逼真的皮肤纹理（super realistic skin texture），半身照（half-body shot），商业照片（business photos），微妙的单色调（with a subtle monochromatic tone），摄影棚灯光（studio lighting），高调光（hligh key lighting），尼康Z7（Nikon Z7），松下LUMIX S1R（Panasonic LUMIX S1R），哈苏H2D（Hasselblad H2D）。

## 5.2.2　AI 人物摄影效果展示

### 1. 人像摄影

人像摄影通常用于展示被摄者的美感和外表，它在商业摄影、时尚摄影和家庭摄影中非常常见，目的是捕捉人物的吸引力和外在特点，如图5-9所示。

图5-9　人像摄影

提示：portrait photography, photo, subject, features, confidence, elegance, expression, pose, lighting, background, beauty, personality, warmth, intimacy, appeal, 8K。

翻译：人像摄影，照片，主题，容貌，自信，优雅，表情，姿势，灯光，背景，美丽，个性，温暖，亲密，吸引力，8K。

### 2. 肖像摄影

肖像摄影倾向于把背景虚化，弱化环境对被拍摄者的影响，表现其面部表情，艺术地再现被拍摄者的外貌、性格等特点，如图5-10所示。

图5-10　肖像摄影

提示：portrait photography, photo, subject, features, natural, genuine, lively, expression, pose, lighting, background, personality, charm, warmth, intimacy, appeal, 8K。

翻译：人像摄影，照片，主题，容貌，自然的，真实的，活泼的，表情，姿势，灯光，背景，个性，魅力，温暖，亲密，吸引力，8K。

### 3．纪实摄影

纪实摄影的特点在于真实性、客观性、社会价值、历史价值、故事性、细节关注、非干扰性、教育意义及引发情感共鸣。这些特点使得纪实摄影成为一种具有独特魅力和重要性的摄影形式，能够让人们深入了解和关注社会问题及具有历史意义的事件，如图5-11所示。

图5-11　纪实摄影

提示：documentary photography, full body, photo, subject, determined, proud, expression, pose, life scene, work scene, real, emotions, experiences, impactful, thought-provoking, 8K。

翻译：纪实摄影，全身，照片，主题，坚定，自豪的，表情，姿势，生活场景，工作场景，真实的，情感，经历，有影响力的，发人深省的，8K。

### 4．黑白人像摄影

黑白人像摄影的特点在于强调形态和线条，凸显质感和纹理，简化画面，赋予情感和情绪，增强视觉冲击力，追求经典和永恒的效果，突出主题及创造独特风格。这些特点使得黑白人像摄影成为一种具有独特魅力和重要性的摄影形式，具有一种经典和永恒的美感，不会因为时间的流逝而失去其价值，如图5-12所示。

提示：black and white portrait photography, photo, subject, facial features, pure, timeless, expression, pose, black and white tones, lines, contours, artistic, fashion, serene, elegant, appeal, 8K。

翻译：黑白人像摄影，照片，主题，面部特征，纯粹的，永恒的，表情，姿势，黑白色调，线条，轮廓，艺术的，时尚，平静的，优雅的，吸引力，8K。

图5-12　黑白人像摄影

### 5. 自然光人像摄影

　　自然光人像摄影的特点在于强调自然、真实、柔和、均匀、变化多端、情感、环境融入，以及后期处理简单。这些特点使得自然光人像摄影照片能够呈现出人物最真实、自然的状态，营造出不同的氛围和情感表达，让观众更加深入地了解人物的内心世界，如图5-13所示。

图5-13　自然光人像摄影

　　提示：natural light portrait photography, photo, subject, facial features, natural, soft, warm, expression, pose, simple, authentic, comfortable, appeal, 8K.

　　翻译：自然光人像摄影，照片，主题，面部特征，自然的，柔和的，温暖的，表情，姿势，纯朴的，真实的，舒适的，吸引力，8K。

<u>6. 闪光灯人像摄影</u>

闪光灯人像摄影的特点在于光线硬朗、明显的阴影效果、瞬间捕捉、补光作用、创意效果、控制曝光及适用范围广，包含逆光人像摄影补光操作。这些特点使得闪光灯在人像摄影中扮演着重要的角色，可以帮助摄影师更好地捕捉和表现人物的生动形象，如图5-14所示。

图5-14　闪光灯人像摄影

提示：blue sky and white clouds background，backlit，overhead backlighting，flash photography，person face with back to light，sense of atmosphere，8K。

翻译：蓝天白云背景，逆光，头顶背光，闪光灯摄影，人物面部背光，氛围感，8K。

## 5.2.3　老奶奶纪实摄影设计案例

### 第一步：需求分析

设计需求：为卖水果的老奶奶拍摄一组纪实摄影照片。

前期可以通过类似ChatGPT的工具来生成设计方案，下面以文心一言为例进行展示。

> 我　提问一：我要为卖水果的老奶奶拍摄一组纪实照片，请给我三个方案。

> 当然可以，以下是三个关于为卖水果的老奶奶拍摄纪实照片的方案。
>
> 方案一：日常劳作
> 市场场景：在充满活力的市场背景下拍摄老奶奶，聚焦于她挑选、分级、称重水果的过程。
> 细节捕捉：用特写镜头捕捉老奶奶粗糙的双手，以及各种新鲜水果的细节，如色泽、质感等。
> 劳作瞬间：抓拍老奶奶在市场中忙碌的身影，如扛起一袋袋水果，整理摊位等。
>
> 方案二：人情交往
> 与客户互动：拍摄老奶奶与顾客交流的镜头，如热情地推荐水果，分享食用建议等。
> 社区联系：捕捉老奶奶与其他商贩、邻居互动的镜头，表现她在这个社区中的地位和影响力。

信任与交流：拍摄顾客与老奶奶之间的信任和友好交往，以及他们之间的交流和互动。

方案三：内心世界

眼神与情感：通过特写镜头捕捉老奶奶的眼神，展现她的情感世界和内心活动。

生活点滴：拍摄老奶奶的日常生活片段，如休息时的沉思，与朋友聊天等。

时间印记：捕捉老奶奶在岁月中积累的经验和智慧，以及她对生活的感慨和故事。

---

我　提问二：将方案一细化为一个专业的拍摄方案。

---

好的。以下是我为您生成的卖水果的老奶奶纪实照片专业拍摄方案——日常劳作篇。

一、目标与主题

通过拍摄老奶奶在市场中劳作的画面，展现她的勤劳、坚韧及与市场的紧密联系。

二、拍摄环境与时间

选择具有活力和色彩丰富的市场场景作为拍摄背景，最好是在早晨或傍晚市场最繁忙的时候进行拍摄。

三、主要拍摄内容

市场全景：首先拍摄市场的全景，展现市场的繁忙和多彩，为后续的特写镜头做铺垫。

老奶奶的摊位：聚焦于老奶奶的摊位，捕捉摊位上的水果种类、摆放方式及标识物。

劳作过程：详细记录老奶奶挑选、分级、称重水果的全过程，以及她与顾客的交流。

特写镜头：对老奶奶的手、水果的细节及称重工具等进行特写，展现劳作的细节。

与客户交流：捕捉老奶奶与顾客交流的瞬间，如介绍水果、讨价还价等。

忙碌的身影：捕捉老奶奶忙碌的身影，如搬运水果、整理摊位等。

四、拍摄技巧与要点

自然光与补光：利用自然光展现市场的真实色彩，同时在需要时使用反光板或闪光灯进行补光。

角度变化：通过不同的角度，如平视、俯视、仰视等，展现老奶奶和市场的全貌。

连续拍摄与抓拍：结合连续拍摄和抓拍，捕捉老奶奶劳作和交流的瞬间。

环境元素利用：利用市场中的其他元素，如其他商贩、顾客、车辆等，增强照片的故事性。

根据以上信息我们就可以提炼出一些自己想要的设计关键词。

风格：纪实风格。

主题元素：老奶奶，水果摊位，整理摊位。

色调：暖黄色，深蓝色。

第二步：确定最终的设计效果

根据提炼的设计关键词生成一些创意视觉方案，并反复进行尝试，直到生成自己想要的方案为止，如图 5-15 所示。

提示：photography, documentary style, grandmother, fruit stall, selling fruit, dilapidated shopping street, packing up stall and going home, nightfall, tired expression, warm yellow street lights，8K。

翻译：摄影，纪实风格，老奶奶，水果摊位，卖水果，破旧商业街，收拾摊位回家，夜幕降临，疲倦的神态，暖黄色的街灯，8K。

图5-15　老奶奶纪实摄影

## 5.2.4　总结及展望

AI绘画与人物摄影的结合具有以下特点。

◎ 塑造创新的人物形象：AI绘画技术的应用可以生成独特的视觉效果，为人物形象带来更多的吸引力和差异化。

◎ 增强人像质感与表现力：AI绘画技术的应用可以增强人像摄影的质感和表现力，模拟不同光线、角度和环境下的拍摄效果，使人像更加立体、生动。同时，AI绘画技术还可以对人像进行细节处理和优化，提高人像的整体质量。

◎ 进行个性化与定制化视觉设计：AI绘画技术可以根据不同人物的特点和需求进行定制化的视觉设计，更好地呈现人物的特点，从而满足不同的人物摄影需求。

未来，随着AI技术的不断进步和发展，AI绘画技术与人物摄影的结合将越来越紧密。一方面，AI绘画技术智能化、自动化和个性化水平的提升，将能够更好地满足人物摄影的需求。另一方面，随着消费者对视觉效果的追求不断提高，AI绘画技术将在人物摄影领域发挥更大的作用，推动人物摄影行业的创新和发展。

# 5.3 创意摄影

创意摄影是指通过独特的创意和想法，运用摄影技巧和设备，拍摄出新颖、独特、有趣或富有表现力的作品。创意摄影可以分为以下几类。

◎ 合成摄影：通过将不同的图片或元素合成在一起来创造一个全新的图像。合成摄影的目的是创造出令人惊喜和具有吸引力的视觉体验。

◎ 雕塑摄影：将摄影和雕塑艺术结合起来，创造出具有三维感和立体感的作品。

◎ 创意人像摄影：通过独特的构图、光线运用和后期处理技术，拍摄出具有独特魅力和个性特点的人像作品。

◎ 微距摄影：通过拍摄微小物体或细节，展现出它们独特的纹理、色彩和形状等特点。

◎ 夜景摄影：在夜间或低光条件下，通过运用特殊的光线和拍摄技巧，拍摄出独特的夜间景象。

◎ 创意广告摄影：以宣传和推广商品或服务为主要目的，通过独特的创意和拍摄手法，呈现出商品或服务的特点和优势。

◎ 抽象摄影：通过特殊的拍摄手法和后期处理，将具体的物体或景象抽象化，呈现出它们独特的视觉效果和艺术感。

AI绘画在创意摄影中的应用主要表现在以下几个方面。

◎ 启发创意和灵感：AI绘画工具可以生成多样化的图像内容，为摄影师提供无限的创意和灵感来源。摄影师可以通过浏览AI绘画工具生成的图像，发现新的构图、主题、色彩搭配等元素，从而激发自己的创造力和想象力。

◎ 拓展摄影领域和创作风格：AI绘画工具生成的图像内容可以帮助摄影师拓展摄影领域和尝试新的创作风格。摄影师可以通过参考AI绘画工具生成的图像，探索不同的主题、风格和技术，从而丰富自己的创作。

◎ 增强市场竞争力和差异化：AI绘画工具的运用有助于增加摄影师的竞争力，吸引更多的客户和观众注意，建立品牌和声誉。

◎ 快速生成原型和进行概念验证：AI绘画工具可以帮助摄影师快速生成原型和进行概念验证。摄影师可以利用AI绘画工具生成的图像来展示自己的创意，与客户或团队成员进行沟通讨论，以更高效地确定拍摄方向和内容。

### 5.3.1　AI 绘画创意摄影通用魔法公式

**通用魔法公式：摄影类型 + 创意摄影 + 拍摄主题 + 拍摄视角 + 辅助提示**

核心提示：创意摄影（creative photography）。

辅助提示：合成摄影（composite photography），夜景摄影（night photography），抽象摄影（abstract photography），创意广告摄影（creative advertising photography），微距摄影（macro photography）。

### 5.3.2　AI 绘画结合创意摄影效果展示

**1. 合成摄影**

合成摄影的特点在于注重创意性、真实性、逼真感，强调使用丰富的色彩和细节，需要技术含量，以及可用于娱乐或商业用途，如图5-16所示。

图5-16　合成摄影

提示：composite photography, the two images are stitched together, looking like zippers pulling apart the tracks, 8K。

翻译：合成摄影，两幅图像被拼接在一起，看起来就像拉链在拉开轨道，8K。

2. 雕塑摄影

雕塑摄影的特点在于捕捉细节、运用光线、选择拍摄方向和角度、选择背景、情感表达及后期处理等方面。它能够准确地再现雕塑作品的真实形态和艺术效果，同时也能够传达出雕塑所表达的情感和内涵，增强观众对雕塑艺术的感受和理解，如图5-17所示。

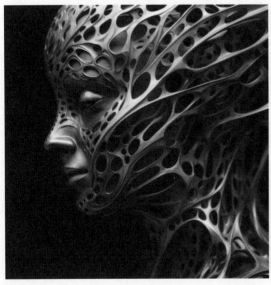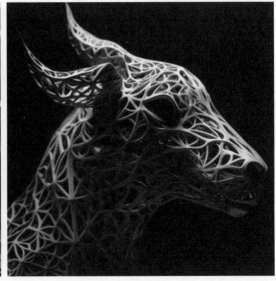

图5-17　雕塑摄影

提示：sculpture photography，photo，figure，animal，abstract shape，details，textures，light，shadow，form，contours，artistry，three-dimensionality，elegance，mystery，grandeur，visual impact，appeal，8K。

翻译：雕塑摄影，照片，人物，动物，抽象形状，细节，纹理，光，影，形式，轮廓，艺术性，三维，优雅，神秘，宏伟，视觉冲击力，吸引力，8K。

### 3. 创意人像摄影

创意人像摄影需要从独特的视角出发，通过巧妙的创意来展现人物的特点和情感。摄影师需要尝试不同的拍摄方法和技巧，以创造出与众不同的作品。此外，它还有其他特点，如注重情感表达、追求创新、突出人物形象及后期处理等方面。这些特点使得创意人像摄影成为一种具有独特魅力和价值的摄影形式，能够呈现出人物的个性和情感状态，如图5-18所示。

图5-18　创意人像摄影

提示：creative photography，a boy riding a bicycle and flying on the sky，8K。

翻译：创意摄影，一个男孩骑着自行车在空中飞舞，8K。

### 4. 微距摄影

微距摄影的特点在于近距离拍摄、高放大倍率、景深浅、细节的强调、自然光的运用、创意性构图及背景简洁等方面。这些特点使得微距摄影能够展现出肉眼难以察觉的细节和形态，给观众带来强烈的视觉冲击力，如图5-19所示。

提示：macro photography，photo，close-up，subject，flower，insect，small object，details，textures，clarity，realism，macro lens，magnifying glass，tiny features，intricacies，immersive，exploratory，appeal，8K。

翻译：微距摄影，照片，特写，主题，花，昆虫，小物体，细节，纹理，清晰度，现实主义，微距镜头，放大镜，微小的特征，复杂的细节，身临其境的，探究的，吸引力，8K。

图5-19 微距摄影

### 5. 夜景摄影

首先，夜景摄影通常利用黑暗的天色来隐没一些不必要甚至破坏画面的景物，同时配合拍摄需要，用适当的灯光对被摄主体或景物的主要部分加以突出，给人们留下鲜明的印象。其次，夜景摄影可以利用灯光造成影调，把被摄景物夸张地表现出来，使它们产生强烈的感染力。最后，夜景摄影通常会运用色彩对比、冷暖色调的搭配等手法来强化照片的情感和主题，并通过合理的构图和光影处理来营造出三维立体感，使观众感受到强烈的视觉冲击力，如图5-20所示。

图5-20 夜景摄影

提示：night photography, photo, nighttime scene, city skyline, buildings, natural landscape, light, colors, mysterious, enchanting, stars, reflections of lights, darkness, shadows, drama, romance, tranquility, grandeur, awe, visual appeal, 8K。

翻译：夜间摄影，照片，夜间场景，城市天际线，建筑物，自然景观，光，颜色，神秘的，迷人的，星星，灯光反射，黑暗，阴影，戏剧性，浪漫，宁静，宏伟，敬畏，视觉吸引力，8K。

### 6. 创意广告摄影

创意广告摄影的特点在于创意性强、精细化处理、独特性、与品牌或产品高度契合、引发共鸣、视觉冲击力及故事性等方面。这些特点使得创意广告摄影成为一种具有高度艺术性和商业价值的摄影形式，如图5-21所示。

图5-21　创意广告摄影

提示：creative advertising photography, photo, scene, product, brand, service, promotion, composition, lighting, post-processing techniques, visual elements, colors, visual impact, excitement, lasting impression, enticing purchase, appeal, 8K。

翻译：创意广告摄影，照片，场景，产品，品牌，服务，促销，构图，灯光，后期处理技巧，视觉元素，色彩，视觉冲击，令人兴奋的，持久印象，诱惑购买，吸引力，8K。

### 7. 抽象摄影

抽象摄影的特点在于强调形式和结构、突破传统，运用色彩和光线、创造性的构图，表现内心世界及引发观众思考等方面，如图5-22所示。

图5-22　抽象摄影

提示：abstract photography, the reflection on the water is messed up by the wind, ripples spread out across the water, streetlights reflect on it, 8K.

翻译：抽象摄影，水面上的倒影被风吹得杂乱无章，涟漪在水面上扩散，路灯倒映在上面，8K。

### 5.3.3 蚂蚁微距摄影设计案例

**第一步：需求分析**

设计需求：拍摄一组蚂蚁的微距照片。

前期可以通过类似ChatGPT的工具来生成设计方案，下面以文心一言为例进行展示。

---

我 提问一：请给我三个关于蚂蚁的微距照片摄影方案。

---

以下是三个关于蚂蚁的微距照片摄影方案。

方案一：蚂蚁的日常活动
环境选择：在户外选择一个蚂蚁聚集的地方，如草地、花园或树下，确保环境安静，避免干扰蚂蚁的正常活动。
设置微距镜头：使用具有微距功能的相机和镜头，将焦距调整到最低限度，以便捕捉蚂蚁的细节。
观察与等待：耐心地观察蚂蚁的日常活动，等待它们进入镜头范围，拍摄它们觅食、运输食物、建造巢穴等场景。
自然光运用：利用自然光作为主要光源，确保光线均匀地洒在蚂蚁身上，以突出它们的形态和纹理。

方案二：蚂蚁的特写镜头
寻找合适的蚂蚁：用糖水或食物吸引蚂蚁，然后挑选出一些具有特点或独特行为的蚂蚁进行拍摄。
使用近摄接圈：使用近摄接圈来进一步放大蚂蚁的图像，从而捕捉到更细致的画面。
调整光线：使用软光源或反射板为蚂蚁提供柔和的光线，以突出它们的形态和纹理。
拍摄细节：用特写镜头捕捉蚂蚁的头部、触角、六足等细节，以及它们身上的纹理和图案。

方案三：蚂蚁与周围环境的互动
选择合适的环境：在户外选择一个蚂蚁活动频繁的区域，如草地或花园。
设置陷阱：使用一个小容器，如一个有盖子的玻璃罐，放置一些糖水或其他蚂蚁喜欢的食物作为诱饵。
等待蚂蚁入瓮：静静地等待，观察蚂蚁被糖水吸引并进入容器。当它们在容器中聚集时，打开盖子开始拍摄。
利用反射板和自然光：使用反射板为照片提供柔和的光线，并确保光线从合适的角度照射到蚂蚁身上，以突出它们的形态和纹理。
拍摄不同角度：尝试从不同的角度拍摄蚂蚁与周围环境的互动，以展示它们与周围环境的立体关系。
后期处理：对照片进行适当的后期处理，如调整对比度、亮度、色彩平衡等，以突出照片的主题。

---

我 提问二：请将方案二细化为一个专业的拍摄方案。

---

好的。

一、目标与主题
通过微距摄影技术，捕捉蚂蚁的特写镜头，展现它们的形态、纹理和独特之处。

二、拍摄环境与时间
选择一个光线充足、背景简洁的室内或户外环境，确保蚂蚁能够在镜头下舒适地活动。清晨或傍晚时分的光线较为柔和。

三、拍摄准备

相机与镜头选择：使用具有微距功能的相机和镜头，如佳能的百微镜头或索尼的微距环。将焦距调整到最低限度，以便捕捉蚂蚁的细节。

三脚架与稳定器：为了获得清晰的照片，可以使用三脚架或稳定器来固定相机和镜头。

光线调整：使用软光源或反射板为蚂蚁提供柔和的光线，以突出它们的形态和纹理。如果户外光线过强，可以考虑使用中性密度滤镜来降低光线强度。

拍摄板或玻璃板：为了保护蚂蚁并防止它们在拍摄过程中逃离，可以使用拍摄板或玻璃板作为拍摄平台。

四、拍摄技巧与要点

寻找合适的蚂蚁：在准备好的拍摄环境中寻找具有特点或独特行为的蚂蚁，可以借助放大镜进行观察。

保持安静与耐心：在拍摄过程中保持安静，避免干扰蚂蚁的正常活动。同时要有耐心，等待合适的拍摄机会出现。

注意景深与背景：为了突出蚂蚁的细节，需要确保景深足够浅。选择简洁的背景，避免干扰物出现在照片中。

根据以上信息我们就可以提炼出一些自己想要的设计关键词。

风格：自然风格，微距。

主题元素：蚂蚁，俯视角度。

色调：绿色，棕色。

**第二步：确定最终设计效果**

根据提炼的设计关键词生成一些创意视觉方案，并反复进行尝试，直到生成自己想要的方案为止，如图5-23所示。

图5-23　蚂蚁微距摄影

提示：nature style，macro photography，group of small ants transporting leaves，on soil，top view angle，8K。

翻译：自然风格，微距摄影，一群小蚂蚁在运树叶，在土壤上，俯视角度，8K。

### 5.3.4 总结及展望

AI绘画与创意摄影的结合具有以下特点。

◎ 创意的无限可能性：AI绘画技术的引入为创意摄影开辟了全新的可能性。通过AI绘画技术，摄影师可以轻松实现天马行空的创意，将不可能变为可能，为观众带来震撼的视觉体验。

◎ 提高创作效率：AI绘画技术可以帮助摄影师在创意摄影中快速实现多种创意效果。这使得摄影师可以在短时间内尝试多种构图、色彩和风格，从而更快地找到最佳的创意点子。

◎ 降低创意门槛：AI绘画技术的自动化特性降低了创意摄影的门槛，使得即使没有绘画基础的人，也可以通过AI绘画技术进行创作，将自己的想法转化为独特的艺术作品。

◎ 提升艺术价值：AI绘画技术的运用可以提高创意摄影的艺术价值。通过AI绘画技术，摄影师可以创作出更具独特性和吸引力的作品。

未来，随着AI绘画技术的不断进步和发展，AI绘画与创意摄影的结合将越来越紧密。一方面，AI绘画技术智能化、自动化和个性化水平的提升，将能够更好地满足创意摄影的需求。另一方面，随着消费者对创意摄影的需求不断增加，AI绘画技术将在创意摄影领域发挥更大的作用，推动创意摄影的创新和发展。

## 5.4 结束语

总的来说，AI绘画在摄影领域的应用可以加快照片的后期制作，提升作品的质量和表现力。同时，它也为摄影师提供了更多的创意和想象空间，使摄影艺术更加丰富多彩。

第6章

# AI绘画在建筑
# 领域的应用

## 本章导读

建筑设计是指在建造建筑物之前，设计者按照建设任务，对施工过程和使用过程中可能遇到的问题事先做通盘的设想，拟定好解决这些问题的办法、方案，并用图纸表达出来。

现如今，我们也可以借助 AI 绘画技术进行建筑设计，具体步骤如下。

◎ 确定设计需求和目标：明确建筑设计的需求和目标，包括建筑物的用途、地理位置、气候条件、预算等方面。

◎ 选择合适的 AI 绘画工具：利用如 Tiamat、Midjourney 等具备深度学习能力的 AI 绘画工具，这些工具能快速分析并生成建筑设计方案。

◎ 准备设计素材：收集和准备一些设计素材，包括建筑物的照片、效果图、平面图、立面图等，以便 AI 绘画工具进行学习和生成设计方案。

◎ 输入设计提示：在 AI 绘画工具中输入建筑设计提示，如"现代风格""别墅设计""温馨舒适"等，以便 AI 绘画工具更好地理解设计需求。

◎ 选择 AI 绘画风格：选择适合的 AI 绘画风格，如写实、抽象、手绘等，以便 AI 绘画工具生成符合需求的建筑作品。

◎ 生成设计方案：AI 绘画工具会根据输入的提示，从素材库中学习并生成多个设计方案，可以从中选择最符合需求的设计方案。

◎ 调整设计方案：如果对 AI 绘画工具生成的设计方案不满意，可以手动调整设计方案，如改变建筑物的比例、调整色彩搭配等。

◎ 确认设计方案：最终确认设计方案，并进行必要的修改和完善，以符合实际需求。

AI 绘画在建筑领域的应用特点主要体现在以下几个方面。

◎ 高效性：AI 绘画能够快速地生成建筑设计方案，并同时处理多个方案，便于比较和选择，从而大大提高创作效率。

◎ 节约成本：AI 绘画不需要像传统设计方式那样耗费大量的人力物力进行绘图和修改，降低了设计成本。

◎ 人性化设计：AI 绘画可以通过学习多种因素，人性化地考虑设计需求，从而生成更加优秀的设计方案。

◎ 可视化程度高：AI 绘画可以生成高质量的建筑图像和 3D 模型，使得设计方案具有更高的可视化程度，方便设计师和客户进行沟通和交流。

◎ 建筑风格复制：AI 绘画可以通过学习各种建筑风格的特点和细节，复制出具有特定风格的建筑物作品，甚至可以通过分析和模仿古典建筑、现代建筑等不同风格的建筑元素，创造出独特的建筑作品。

◎ 结构分析：AI 绘画可以通过学习建筑物的结构和比例关系，绘制出符合物理规律的建筑作品，也可以对建筑结构进行智能分析，提高建筑物的结构稳定性和安全性。

◎ 光影效果模拟：AI 绘画可以通过学习光线的传播和反射规律，模拟出逼真的光影效果，使得建筑作品更加生动形象。

接下来我们将分别介绍 AI 绘画技术在古典建筑设计、现代建筑设计和室内设计中的应用。

## 6.1 古典建筑设计

古典建筑指的是历史上各个时期具有典型性的建筑风格，其历史渊源深远，通常提到的欧洲古典建筑包括欧洲文艺复兴时期、巴洛克时期和古典复兴时期的建筑风格。古典建筑的主要特点是采用古典柱式，注重建筑的对称、和谐与比例关系。

不同地区的古典建筑具有不同的特色和风格。

欧洲古典建筑往往与宏伟的宫殿、神庙和公共建筑相联系。中国古典建筑包括明清两代的皇家宫殿、寺庙、园林和民居等建筑。

## 6.1.1　AI古典建筑通用魔法公式

**通用魔法公式：古典建筑类型 ＋ 建筑场景描述 ＋ 建筑场景材质 ＋ 辅助提示**

核心提示：古典建筑设计（classical architectural design）。

辅助提示：中国古典园林（Chinese classical garden），古希腊（ancient Greek），古罗马（ancient Roman），巴洛克（Baroque），法国古典（French classical），空间层次感（sense of hierarchy in space），装饰元素（decorative elements），空间布局（spatial layout）。

## 6.1.2　AI古典建筑效果展示

### 1. 中国古典园林建筑

中国古典园林建筑力求将建筑与山、水、植物等要素有机地组织在一系列风景画面之中，使建筑美与自然美融合，追求诗画般的情趣，包含许多别致的附属建筑和细节处理，如亭、廊、天井、漏窗等，如图6-1所示。

图6-1　中国古典园林建筑

提示：Chinese classical garden architecture design, art form, natural landscapes, architectural structures, cultural significance, courtyards, covered walkways, artificial mountains, ponds, plants, harmony, balance, poetic, sense of hierarchy in space, fluidity, paths, transitions between sceneries, intricate decorations, carvings, paintings, traditional culture, aesthetic value, 8K.

翻译：中国古典园林建筑设计，艺术形式，自然景观，建筑结构，文化意义，庭院，有顶走廊，假山，池塘，植物，和谐，平衡，诗意，空间层次感，流动性，路径，景物转换，错综复杂的装饰，雕刻，绘画，传统文化，审美价值，8K。

### 2. 古希腊建筑

古希腊建筑是西方古典建筑的源头之一，其以简单的柱式、优美的比例和严谨的构图而著名，如图6-2所示。

图6-2 古希腊建筑

提示：ancient Greek architectural design, timeless art form, aesthetics, proportion, symmetry, columnar structures, carvings, Doric Order, Ionic Order, Corinthian Order, stone roofs, grand and majestic, symmetry, sense of balance, spatial layout, decorative elements, harmony, elegance, ancient Greek culture, remarkable achievements, 8K。

翻译：古希腊建筑设计，永恒的艺术形式，美学，比例，对称，柱状结构，雕刻，多立克柱式，爱奥尼亚柱式，科林斯柱式，石屋顶，宏伟壮观，对称，平衡感，空间布局，装饰元素，和谐，优雅，古希腊文化，卓越成就，8K。

### 3. 古罗马建筑

古罗马建筑是在古希腊建筑的基础上发展起来的，多用于公共和民用建筑，如浴场、剧场、斗兽场和市政厅等。古罗马建筑的特点是采用券拱和柱式，并建造输水道和道路等公共设施，如图6-3所示。

图6-3 古罗马建筑

提示：ancient Roman architectural design, unique style, art form, arches, domes, columns, structures, appearances, practicality, durability, materials, stone, concrete, decorative elements, reliefs, murals, sculptures, artistic, ornate, ancient Roman culture, magnificent achievements, architectural engineering, craftsmanship, 8K。

翻译：古罗马建筑设计，风格独特，艺术形式，拱门，圆顶，柱子，结构，外观，实用性，耐用性，材料，石材，混凝土，装饰元素，浮雕，壁画，雕塑，艺术性，华丽，古罗马文化，宏伟成就，建筑工程，工艺水平，8K。

### 4. 哥特式建筑

哥特式建筑是中世纪欧洲的一种典型建筑风格，其以高耸入云的尖拱和细长的立柱而著名。哥特式建筑多用于教堂和修道院等宗教建筑，也有一些世俗建筑如城堡和城市府邸，如图6-4所示。

图6-4　哥特式建筑

提示：Gothic architectural design, mystery, romance, art form, spires, buttresses, pointed arch windows, verticality, grandeur, detail, decoration, carvings, stained glass, inlays, light, shadow, magnificent, delicate, medieval European architecture, splendor, society, religion, authority, glory, 8K。

翻译：哥特式建筑设计，神秘，浪漫，艺术形式，尖顶，扶壁，尖拱窗，垂直，宏伟，细节，装饰，雕刻，彩色玻璃，镶嵌的，光，影，宏伟的，精致的，中世纪欧洲建筑，辉煌，社会，宗教，权威，荣耀，8K。

### 5. 巴洛克建筑

巴洛克建筑是17～18世纪初期在意大利文艺复兴建筑基础上发展起来的一种建筑风格。它以富丽堂皇的装饰、强烈的对比和光影效果，以及动态的形式和复杂的细节而著名。巴洛克建筑多用于宫殿、教堂和园林等建筑，同时也被应用于一些民用建筑，如广场、会场和公共建筑等，如图6-5所示。

提示：Baroque architectural design, luxury, ornamentation, art form, curves, reliefs, decorative elements, appearance, symmetry, dynamism, facades, arches, sculptures, dramatic, spectacular, gold, details, opulence, grandeur, Baroque period, artistic essence, society, wealth, power, 8K。

翻译：巴洛克建筑设计，豪华，装饰，艺术形式，曲线，浮雕，装饰元素，外观，对称，活力，外墙，拱门，雕塑，戏剧性的，壮观的，黄金，细节，富裕，宏伟，巴洛克时期，艺术精髓，社会，财富，权力，8K。

图6-5　巴洛克建筑

### 6. 法国古典建筑

法国古典建筑是欧洲古典建筑的重要流派之一，其以对称、和谐和严谨的构图而著称。法国古典建筑多用于宫殿、教堂和园林等建筑，其中最著名的是凡尔赛宫，如图6-6所示。

图6-6　法国古典建筑

提示：French classical architectural design, elegant, dignified, art form, symmetry, geometric shapes, decorations, noble, grand, marble, sculptures, murals, granite, architectural details，lines，proportions，spatial layout，decorative elements，prestigious，French history，prosperity，cultural splendor，8K。

　　翻译：法国古典建筑设计，优雅的，端庄的，艺术形式，对称，几何形状，装饰品，高贵的，宏伟的，大理石，雕塑，壁画，花岗岩，建筑细节，线条，比例，空间布局，装饰元素，享有声望的，法国历史，繁荣，文化辉煌，8K。

## 6.1.3　古典主义花园设计案例

### 第一步：需求分析

设计需求：设计一个古典主义风格的花园。

前期可以通过类似ChatGPT的工具来生成设计方案，下面以文心一言为例进行展示。

---

我　提问一：请给我三个古典主义风格花园的设计方案。

---

🔘　方案一：古典园林风格

布局设计：采用古典园林的布局方式，将花园划分为多个区域，包括入口区、观赏区、休息区、娱乐区等。每个区域都有明确的主题和功能，营造出一种步移景异的感受。

植物配置：选择具有古典韵味的植物，如松、柏、竹、梅、兰、菊等，营造出一种古朴典雅的氛围。同时，注重植物的层次感和色彩搭配，使整个花园充满生机和活力。

建筑元素：在花园中设置一些古典建筑元素，如亭台楼阁、假山石景、水池喷泉等，增强花园的观赏性和实用性。

方案二：法式园林风格

布局设计：采用法式园林的布局方式，将花园划分为多个区域，包括草坪区、花坛区、水池区、雕塑区等。每个区域都有明确的主题和功能，营造出一种浪漫优雅的感觉。

植物配置：选择具有法式特色的植物，如薰衣草、玫瑰、郁金香等，营造出一种浪漫优雅的氛围。同时，注重植物的色彩搭配和形态变化，使整个花园充满浪漫和诗意。

建筑元素：在花园中设置一些法式建筑元素，如铁艺栏杆、雕花柱头、拱形门洞等，增强花园的观赏性和实用性。

方案三：英式园林风格

布局设计：采用英式园林的布局方式，将后花园划分为多个区域，包括草坪区、花坛区、水池区、雕塑区等。每个区域都有明确的主题和功能，营造出一种自然和谐的氛围。

植物配置：选择具有英式特色的植物，如草坪、绿篱、花卉等，营造出一种自然和谐的氛围。同时，注重植物的色彩搭配和形态变化，使整个花园充满自然和清新的味道。

建筑元素：在花园中设置一些英式建筑元素，如砖石结构、木制家具等，增强花园的观赏性和实用性。同时，也可以在花园中设置一些户外家具和装饰品，如躺椅、茶几等，营造出一种休闲舒适的氛围。

---

我　提问二：请将方案一细化为一个专业的设计方案。

---

🔘　好的。

1. 项目背景与目标

古典园林是中国传统园林艺术的代表，它是自然与人文的完美融合，通过精巧的布局和细致的植物配置，创造出幽雅、静谧的空间。本方案旨在将这一传统艺术融入现代家居环境，为住户打造一个兼具古典韵味与现代功能性的花园。

2. 设计理念

尊重传统：借鉴古典园林的布局手法和植物配置原则，展现传统美学的魅力。

融合现代：在保留古典元素的基础上，融入现代设计手法和材料，满足现代生活需求。

因地制宜：根据场地条件、气候特点和住户需求进行个性化设计。

3. 布局设计

入口区：设置月洞门作为入口，两侧配以修竹，形成障景效果，增强神秘感。

观赏区：借鉴古典园林中的借景手法，设置曲径通幽的回廊，连接多个小型景点，如假山、水池、亭台等。

休息区：在园区的安静角落设置一处凉亭或水榭，配以舒适的座椅和茶几，供住户休息、品茶。

娱乐区：设置一处开阔的草坪或平台，用于家庭聚会、儿童玩耍等户外活动。

4. 植物配置

常绿植物：选择松树、柏树等常绿针叶树作为背景植物，形成稳定的绿色背景。

观花植物：用梅花、兰花、菊花等季节性花卉点缀其中，丰富季相变化。

地被植物：采用蕨类、苔藓等地被植物覆盖裸露土壤，增强层次感。

水生植物：在水池中种植荷花、睡莲等水生植物，增添灵动之美。

5. 建筑元素与装饰

亭台楼阁：根据场地大小和住户需求，适当设置亭台楼阁等附属建筑，为住户提供观景和休息的场所。

假山石景：运用太湖石、黄石等石材堆叠假山，模拟自然山水景观。

水池喷泉：设计一处小型水池，配置喷泉装置和水生植物，增添活力和静谧感。

照明与装饰：运用古典风格的灯具和装饰品，如宫灯、石雕等，增强文化氛围和艺术感。

---

我　提问三：请提炼上述方案的主题色调。

---

⬡　上述方案的主题色调主要包括以下几种。

绿色：为园林的主要背景色，代表自然、生机与和谐。松柏、草坪等都是绿色的代表。

深褐色：用于亭台楼阁、假山石景等元素，有一种古朴、稳重的韵味，与古典园林的风格相匹配。

白色与灰色：在古典园林中常用于亭台楼阁、栏杆等建筑元素，可以给人一种清新、雅致的感觉。

蓝色与紫色：常用于水池、喷泉等水景中，可以为花园增添一丝宁静与神秘。

根据以上信息我们就可以提炼出一些自己想要的设计关键词。

风格：古典园林风（中式）。

主题元素：花园，假山，水池，喷泉，亭子，草坪，植物，花朵，石雕，古典灯具。

色调：绿色，深褐色，白色，灰色。

## 第二步：确定最终设计效果

根据提炼的设计关键词生成一些创意视觉方案，并反复进行尝试，直到生成自己想要的方案为止，如图6-7所示。

图6-7 最终效果图

提示：Chinese classical garden style，garden，off-white rockery，pond，dark brown pavilion，green lawn，plants，flowers of various colors，stone carvings，classical lamps and lanterns，8K。

翻译：中式古典园林风，花园，灰白色的假山，池塘，深棕色亭子，绿色草坪，植物，各色花朵，石雕，古典灯饰，8K。

## 6.1.4  总结及展望

AI绘画与古典建筑设计的结合，为古典建筑注入了新的活力，具体体现在以下几个方面。

◎ 实现历史传承与现代创新的融合：AI绘画技术可以帮助设计师更深入地理解和诠释古典建筑的历史文化背景，并在设计中巧妙融入现代元素和创新思维，从而实现历史传承与现代创新的和谐统一。

◎ 精细化设计的实现：AI绘画技术能够精准捕捉古典建筑的细节和纹理，使设计作品更加精细逼真。这不仅可以提升设计的质量，还可以增强观众对古典建筑的感知和理解。

◎ 高效性与可持续性的提升：利用AI绘画技术进行古典建筑设计，可以显著提高设计效率，缩短项目周期。同时，AI绘画技术还可以帮助设计师优化材料使用和结构设计，进而提升建筑的可持续性。

未来，AI绘画技术与古典建筑设计的结合有望实现以下功能。

◎ 智能化修复与保护：未来，AI绘画技术可以用于古典建筑的修复和保护工作。通过高精度扫描和数据分析，AI绘画技术可以准确识别建筑的损伤和老化程度，并提出有效的修复方案。

◎ 历史场景和文化氛围的重现：结合虚拟现实技术，AI绘画技术能够助力设计师重现古典建筑的历史场景和文化氛围，从而加深人们对古典建筑的认识和理解。

◎ 促进跨文化交流与合作：AI绘画技术将促进不同国家和地区的古典建筑设计师之间的交流与合作。通过共享数据和设计方案，推动古典建筑设计的全球化发展进程。

◎ 教育与普及的推动：利用AI绘画技术，可以将古典建筑设计的知识和技能传授给更多的人，并让更多的人了解和欣赏古典建筑的魅力。

# 6.2 现代建筑设计

现代建筑设计是指不断适应社会、经济、文化和科学技术的发展趋势，基于建筑设计的基本原则，运用各种现代技术手段，进行功能、空间、材料、结构等方面的创新，创造一个既符合人们生活、工作和社会交往需要，又完美融合建筑艺术和技术，同时具有时代精神的独立的物质空间环境。

## 6.2.1 AI 现代建筑通用魔法公式

**通用魔法公式：现代建筑类型 + 建筑场景描述 + 建筑场景材质 + 辅助提示**

核心提示：现代建筑设计（modern architectural design）。

辅助提示：后现代建筑（postmodern architecture），极简主义建筑（minimalist architecture），生态建筑（ecological architecture），玻璃窗（glass window），灌溉系统（irrigation systems），座位布局（seat layout）。

## 6.2.2 AI 现代建筑效果展示

### 1. 风格分类

**1** 后现代主义风格。这种风格的特点是在建筑中采用装饰物，具有象征性或隐喻性，同时与现有环境融合。此外，后现代主义风格的建筑还常采用符号和拼贴的手法，将历史元素和现代元素结合在一起，以形成独特的视觉效果，如图6-8所示。

图6-8 后现代主义风格建筑

提示：postmodern architectural design, innovation, non-traditional characteristics, art form, diversity, heterogeneity, avant-garde, geometric shapes, lines, colors, structures, materials, individuality, expression, contemporary society, culture, space, function, creativity, spirit of freedom, challenge, development, 8K。

翻译：后现代建筑设计，创新，非传统特性，艺术形式，多样性，异质性，前卫性，几何形状，线条，色彩，结构，材料，个性，表达，当代社会，文化，空间，功能，创造力，自由精神，挑战，发展，8K。

**2** 极简主义风格。极简主义风格建筑的特点是注重简洁、清晰和功能主义。它强调去除多余的装饰和细节，以简洁的线条和形式来表达建筑的美感。极简主义风格的建筑通常使用简单的几何形状和线条来创造出简洁而有力的视觉效果，如图6-9所示。

图6-9　极简主义风格建筑

提示：minimalist architectural design, simplicity, purity, art form, geometric shapes, lines, decorative elements, space, flow, glass windows, floor plans, bright, transparent, proportion, symmetry, visual balance, harmony, functionality, practicality, precision, aesthetics, tranquility, comfort, modernity, 8K。

翻译：极简主义建筑设计，简约，纯粹，艺术形式，几何形状，线条，装饰元素，空间，流动感，玻璃窗，平面图，明亮的，透明的，比例，对称，视觉平衡，和谐，功能性，实用性，精确，美观，宁静，舒适，现代，8K。

**3** 生态建筑风格。生态建筑风格的特点是注重环保、节能和可持续发展。它强调建筑与周围环境的和谐共生，通过运用生态学原理和建筑技术，创造出具有绿色、健康、舒适和节能特点的建筑，如图6-10所示。

提示：ecological architectural design, environmental sustainability, energy efficiency, art form, natural elements, modern technology, renewable materials, energy-saving equipment, green technologies, energy consumption, carbon emissions, space planning, ventilation systems, natural light, airflow, comfort, health, water resource management, recycling, rainwater collection systems, irrigation systems, sustainable development, harmonious coexistence, 8K。

翻译：生态建筑设计，环境可持续性，能源效率，艺术形式，自然元素，现代技术，可再生材料，节能设备，绿色技术，能源消耗，碳排放，空间规划，通风系统，自然光，气流，舒适度，健康，水资源管理，循环利用，雨水收集系统，灌溉系统，可持续发展，和谐共存，8K。

图6-10　生态建筑

### 2. 功能分类

**1** 酒店设计。酒店设计应严格遵守有关的法律法规，充分展现酒店的定位，并将酒店的特色和周边的环境有机融合，如图6-11所示。

图6-11　酒店

提示：5-star hotel, exterior architectural design, luxury, uniqueness, art form, architectural style, visual impact, service, experience, facade design, decorative elements, materials, comfort, convenience, entrance settings, traffic planning, detail, quality, brand image, unique charm, 8K.

翻译：五星级酒店，外观建筑设计，豪华，独特，艺术形式，建筑风格，视觉冲击，服务，体验，立面设计，装饰元素，材料，舒适，便利，入口设置，交通规划，细节，品质，品牌形象，独特魅力，8K。

**2** 展览馆设计。展览馆设计是指关于展览馆、博物馆、纪念馆等主题型展示空间的设计工作。它强调通过有限的空间将需要展现给参观者的内容一一呈现出来，是一种空间形态构成，如图6-12所示。

图6-12　展览馆

提示：exhibition hall architecture, exterior architectural design, creativity, artistic expression, art form, architectural style, visual impact, visitors, exhibition theme, atmosphere, facade design, structural elements, lighting effects, convenience, comfort, entrance settings, flow planning, detail, quality, unique charm, innovative spirit, 8K.

翻译：展厅建筑，外观建筑设计，创意，艺术表现，艺术形式，建筑风格，视觉冲击，参观者，展览主题，氛围，立面设计，结构元素，灯光效果，便利性，舒适，入口设置，流线规划，细节，品质，独特魅力，创新精神，8K。

**3** 餐厅设计。餐厅设计是指通过不同的装潢设计，打造一个舒适的就餐环境，进而提升餐厅的整体氛围。餐厅的设计除了要考虑同居室的整体设计相协调，还要考虑餐厅的实用性功能和审美功能，如图6-13所示。

图6-13 餐厅

提示：5-star restaurant，exterior architectural design，luxury，uniqueness，art form，architectural style，visual impact，dining experience，facade design，decorative elements，materials，comfort，privacy，entrance settings，seat layout，detail，quality，brand image，unique charm，8K。

翻译：五星级餐厅，外观建筑设计，豪华，独特，艺术形式，建筑风格，视觉冲击，用餐体验，立面设计，装饰元素，材料，舒适，隐私，入口设置，座位布局，细节，品质，品牌形象，独特魅力，8K。

**4** 电影院设计。电影院设计是指通过特定的装潢和布局设计，打造一个舒适、美观且符合电影播放要求的观影环境，如图6-14所示。

图6-14 电影院

提示：cinema architecture, exterior architectural design, modernity, visual impact, art form, architectural style, visual effects, audience, movie charm, experience, facade design, architectural elements, lighting effects, convenience, comfort, entrance settings, traffic planning, detail, quality, unique charm, sense of fashion, 8K。

翻译：电影院建筑，外观建筑设计，现代性，视觉冲击，艺术形式，建筑风格，视觉效果，观众，电影魅力，体验，立面设计，建筑元素，灯光效果，便利性，舒适，入口设置，交通规划，细节，品质，独特魅力，时尚感，8K。

**5** 住宅设计。住宅设计是指为居民提供居住空间的设计，包括住宅的室内、室外及公共区域的设计。居民住宅设计需要考虑到居住者的生活习惯、需求和喜好，还要考虑到建筑的结构、材料、环保、安全等因素。设计者需要通过对空间的合理规划、装修和装饰，创造出一个舒适、安全、美观的居住环境，如图6-15所示。

图6-15　住宅

提示：residential architecture, exterior architectural design, aesthetics, functionality, art form, architectural style, visual impact, comfort, livability, facade design, materials, decorative elements, privacy, security, window placement, access control measures, detail, quality, personality, lifestyle, 8K。

翻译：住宅建筑，外观建筑设计，美学，功能，艺术形式，建筑风格，视觉冲击，舒适，宜居性，立面设计，材料，装饰元素，隐私，安全，窗户布置，门禁措施，细节，品质，个性，生活方式，8K。

## 6.2.3　观光塔设计案例

### 第一步：需求分析

设计需求：设计一个时尚前卫的观光塔。

前期可以通过类似ChatGPT的工具来生成设计方案，下面以文心一言为例进行展示。

我 提问一：我想设计一个时尚前卫的观光塔，请给我三个方案。

**方案一：未来之塔**

设计概念：未来之塔的设计灵感来源于科幻电影中的未来城市景象，以及人类对未知世界的探索欲望。观光塔的外观将采用流线型的金属结构，配以光影效果，打造出一座充满科技感和未来感的建筑。

特色亮点：观光塔内部设有高科技体验区，游客可以通过虚拟现实技术，体验探索外太空、深海等未知领域的奇妙感觉。塔身采用太阳能板覆盖，实现绿色环保的同时，为观光塔提供源源不断的能源。顶部设有观景台，游客可以在此俯瞰城市美景，感受科技与自然的和谐共存。

**方案二：海洋之心**

设计概念：海洋之心观光塔的设计灵感来源于海洋生物和海浪的形态，旨在展现大自然的鬼斧神工和海洋的神秘魅力。观光塔将采用流线型的有机形态，以蓝色为主色调，象征着海洋的广阔与深邃。

特色亮点：观光塔内部设有海洋主题展示区，通过多媒体技术，向游客展示丰富的海洋生物和海洋文化。塔身采用仿生学设计，模仿海洋生物和海浪的形态，使观光塔与周围环境融为一体。顶部观景台设有水下观景窗，游客可以在此欣赏海底世界的美景，感受海洋的神秘与壮丽。

**方案三：星空之塔**

设计概念：星空之塔的设计灵感来源于浩渺的宇宙和璀璨的星空，旨在让游客在观光的过程中感受到宇宙的神秘和美丽。观光塔将采用独特的几何形态，以银白色为主色调，象征着星空的深邃与辽阔。

特色亮点：

观光塔内部设有星空主题展示区，通过投影技术模拟出璀璨星空和流星划过的景象，让游客仿佛置身于宇宙之中。塔身采用镜面材质覆盖，反射出周围环境和天空的变化，使观光塔与周围环境融为一体。顶部观景台设有天文望远镜和星空投影装置，游客可以在此观赏星空和行星运行的壮丽景象，感受宇宙的神秘与浩瀚。同时，观景台还配有舒适的座椅和饮品服务，让游客在欣赏星空美景的同时享受宁静的夜晚时光。

我 提问二：请将方案二细化为一个专业的建筑设计方案。

**1. 设计概述**

该设计旨在打造一座融合海洋文化、科技与自然景观的标志性建筑。它不仅是一个观光的平台，更是一个教育与娱乐相结合的场所，能够让游客深入了解海洋的奥秘与美丽。

**2. 建筑设计**

外观设计：塔身采用流线型的有机形态，模仿海浪的起伏与流动。这种设计不仅赋予观光塔动态的美感，还与周围的海洋环境相得益彰。主色调为蓝色，象征着海洋的广阔与深邃。

结构设计：考虑到海洋气候的多样性，塔身采用高强度材料，确保结构的稳固与安全性。同时，考虑到环保与可持续性，结构设计中融入了绿色建筑的理念。

内部设计：观光塔内部设有多个主题区域。其中，海洋文化展示区通过多媒体、互动展览等方式，向游客展示海洋的历史、生态和文化。此外，观光塔中还设有海洋科技体验区，如模拟潜水、海底探险等，让游客亲身体验海洋的魅力。

**3. 景观设计**

顶部观景台：位于塔顶的观景台是游客欣赏海洋美景的最佳场所。观景台设有防风玻璃窗，确保游客在安全的环境中欣赏美景。此外，观景台还配有咖啡厅、休息区等设施，为游客提供舒适的休闲环境。

灯光设计：塔身采用LED（发光二极管）灯光系统，可以根据不同的时间和场合变换颜色和亮度。夜晚时，灯光与海浪交相辉映，为城市增添一道美丽的风景线。

提问三：请提炼上述方案中的观光塔材质及形状。

好的。

1. 材质

主体结构：考虑到观光塔的高度和稳固性，主体结构将采用高强度钢材。这种材料既能够确保建筑的稳固性，又能够抵抗海洋气候的侵蚀。

装饰材料：为了与海洋主题相符，塔身的装饰材料将主要采用蓝色调的玻璃、陶瓷或合成材料。这些材料不仅能够提供良好的透光性，还能够与周围的海景完美融合，创造出良好的视觉效果。

2. 形状

塔身形状：模仿海浪的形态，塔身设计为流线型的有机形态。这种形态不仅能够赋予观光塔动态的美感，还能够与周围的海洋环境完美融合。

顶部设计：塔顶设计为圆滑的形状，与海洋中波浪的顶部相呼应。同时，顶部还将设有观景台和咖啡厅等设施，为游客提供最佳的观景体验。

根据以上信息我们就可以提炼出一些自己想要的设计关键词。

风格：现代海洋风格。

主题元素：观光塔，海浪形态，圆形塔顶，观景台，LED灯光系统，展览厅。

色调：蓝色，白色。

材质：不锈钢，玻璃。

### 第二步：确定最终设计效果

根据提炼的设计关键词生成一些创意视觉方案，并反复进行尝试，直到生成自己想要的方案为止，如图6-16所示。

图6-16 最终效果图

提示：oceanic style，blue and white sightseeing tower in the shape of waves，stainless steel，glass windows，round tower top，observation deck，LED lighting system，interior exhibition hall，8K。

翻译：海洋风格，海浪形状的蓝白色观光塔，不锈钢材质，玻璃窗，圆形塔顶，观景台，LED灯光系统，内部展厅，8K。

### 6.2.4　总结及展望

AI绘画技术与现代建筑设计的结合，为建筑设计领域带来了新的视角和工具，同时为设计师提供了更多的创作可能性。AI绘画技术可以快速生成建筑设计图，从而减少传统手工绘图的时间和成本；对设计进行精确的调整和优化，以提高设计的效率和质量；生成多样化的设计方案，满足客户不同的需求和喜好。同时，AI绘画技术还可以根据客户的需求进行精确的调整，为客户提供更加个性化的设计方案。

未来，AI绘画技术可以结合其他领域的技术，如虚拟现实、增强现实等，为客户提供更加沉浸式的体验。同时，AI绘画技术还可以结合其他艺术形式，如音乐、舞蹈等，为建筑设计提供更加丰富的表现形式和创意。

# 6.3　室内设计

室内设计是指根据建筑物的使用性质、所处环境和相应标准，运用物质技术手段和建筑设计原理，创造功能合理、满足人们物质和精神生活需要的室内环境。

### 6.3.1　AI室内设计通用魔法公式

**通用魔法公式：室内设计类型 ＋ 主题背景 ＋ 环境氛围 ＋ 辅助提示**

核心提示：室内设计（interior design）。

辅助提示：客厅（living room），卧室（bedroom），色彩搭配（colourful matching），新中式（new Chinese classical），现代极简风格（modern minimalist style），欧式风格（European style），美式风格（American style），地中海风格（Mediterranean style），东南亚风格（Southeast Asian style），工业风格（industrial style），全景（panorama）。

### 6.3.2　AI室内设计效果展示

#### 1. 按功能分类

**1** 室内家居设计。室内家居设计是指对家庭居住空间的室内环境进行规划和设计的活动。它涉及对房屋结构、空间布局、色彩搭配、家具选择、照明设计、装饰品摆放等多个方面的考虑和规划，如图6-17所示。

图6-17　室内家居设计

提示：home interior design，aesthetics，functionality，art form，space layout，color coordination，furniture selection，floor plans，decorative elements，attention to detail，lifestyle habits，needs，furniture placement，storage space planning，quality，personality，lifestyle，8K。

翻译：室内家居设计，美学，功能性，艺术形式，空间布局，色彩协调，家具选择，平面图，装饰元素，注重细节，生活习惯，需求，家具摆放，储物空间规划，品质，个性，生活方式，8K。

**2** 室内商场设计。室内商场设计是指对商场内部空间进行规划和设计的活动，旨在创造一个舒适、美观、具有吸引力的购物环境，如图6-18所示。

图6-18　室内商场设计

提示：commercial stores, interior design, brand image, consumer experience, art form, space layout, display methods, ambiance creation, floor planning, material selection, decorative elements, comfort, convenience, shelf placement, guidance design, detail, quality, allure, 8K。

翻译：商业店铺，室内设计，品牌形象，消费者体验，艺术形式，空间布局，陈列方式，氛围营造，平面规划，材料选择，装饰元素，舒适，便利性，货架摆放，引导设计，细节，品质，吸引力，8K。

**3** 办公室设计。办公室设计是指对办公室内部空间进行规划和设计的活动，旨在创造一个舒适、美观、高效的工作环境。办公室设计需要考虑多个因素，包括公司的定位、目标群体、品牌形象、工作流程等。设计者需要根据公司的需求，进行个性化设计，打造出符合公司文化的工作环境，如图6-19所示。

图6-19 办公室设计

提示：offices, interior design, efficiency, comfort, art form, space planning, furniture layout, color selection, office area divisions, furniture design, natural light, storage spaces, ergonomics, detail, quality, professional image, work efficiency, 8K。

翻译：办公室，室内设计，效率，舒适，艺术形式，空间规划，家具布局，色彩选择，办公区域划分，家具设计，自然光，存储空间，人体工程学，细节，品质，专业形象，工作效率，8K。

**2. 按地域和流派分类**

**1** 中式风格室内设计。中式风格室内设计以庄重、优雅为特点，注重空间的层次感和对称性，以深色为主色调，以明清时期的家具为主，同时采用一些传统的装饰元素和设计手法，营造出具有中国传统文化特色的室内环境，如图6-20所示。

提示：Chinese style, interior design, balance, art form, symmetry, natural elements, exquisite details, architectural structures, wooden furniture, handicrafts, comfort, relaxation, space layout, color choice, traditional culture, exquisite craftsmanship, unique charm, timeless beauty, 8K。

翻译：中式风格，室内设计，平衡，艺术形式，对称，自然元素，精致细节，建筑结构，木制家具，工艺品，舒适，放松，空间布局，色彩选择，传统文化，精湛工艺，独特魅力，永恒之美，8K。

图6-20　中式风格室内设计

**2** 欧式风格室内设计。欧式风格室内设计的特点包括浪漫豪华、色彩鲜艳、奢华富丽、立体感强、家具布局、装饰品及地面等有讲究，如图6-21所示。

图6-21　欧式风格室内设计

提示：European style, interior design, luxury, refinement, art form, symmetry, detail, decorations, furniture, murals, chandeliers, comfort, colors, furniture arrangements, European culture, craftsmanship, unique charm, timeless beauty, 8K。

翻译：欧式风格，室内设计，豪华，精致，艺术形式，对称，细节，装饰品，家具，壁画，吊灯，舒适，色彩，家具布置，欧洲文化，工艺，独特魅力，永恒之美，8K。

**3** 美式风格室内设计。美式风格室内设计的特点包括简约实用、材质自然、色彩搭配和谐统一、家具陈设注重实用性和舒适性，以及装饰元素简洁实用等，如图6-22所示。

图6-22 美式风格室内设计

提示：American style, interior design, comfort, practicality, art form, furniture, natural materials, clean lines, layout, wooden furniture, carpets, warm atmosphere, functional needs, relaxation, colors, arrangements, freedom, unique charm, 8K。

翻译：美式风格，室内设计，舒适，实用，艺术形式，家具，天然材料，简洁的线条，布局，木制家具，地毯，温馨的氛围，功能需求，放松，色彩，安排，自由，独特的魅力，8K。

**4** 日式风格室内设计。日式风格室内设计的特点包括简洁明亮、自然材质、色彩淡雅、家具陈设及装饰元素简洁实用等，如图6-23所示。

图6-23 日式风格室内设计

提示：Japanese style, interior design, nature, tranquility, art form, natural materials, clean lines, minimalism, tatami, bamboo furniture, washi screens, relaxation, inner peace, color, arrangements, balance, unique charm, cultural heritage, 8K。

翻译：日式风格，室内设计，自然，宁静，艺术形式，天然材料，简洁的线条，极简主义，榻榻米，竹制家具，和纸屏风，放松，内心的平静，色彩，安排，平衡，独特的魅力，文化遗产，8K。

### 3. 按材质分类

**1** 木质风格室内设计。木质风格室内设计的特点包括自然质感、简约设计和强调实用性等，如图6-24所示。

图6-24　木质风格室内设计

提示：wooden style, interior design, nature, warmth, art form, natural wood, clean lines, earthy tones, wooden furniture, flooring, love for nature, soft lighting, comfortable arrangements, unique charm, cosy ambiance, 8K。

翻译：木质风格，室内设计，自然，温暖，艺术形式，天然木材，简洁的线条，朴实的色调，木制家具，地板，对自然的热爱，柔和的灯光，舒适的布置，独特的魅力，温馨的氛围，8K。

**2** 石材风格室内设计。石材风格室内设计的主要特点包括豪华大气、独特的美感、耐用性强和易于清洁等，如图6-25所示。

图6-25　石材风格室内设计

提示: marble style, interior design, luxury, refinement, art form, marble materials, textures, craftsmanship, marble flooring, walls, furniture, high quality, unique beauty, metallic decorations, accessories, unique charm, timeless beauty, 8K。

翻译: 大理石风格，室内设计，奢华，精致，艺术形式，大理石材料，纹理，工艺，大理石地板，墙壁，家具，高品质，独特之美，金属装饰品，配件，独特的魅力，永恒之美，8K。

**3** 金属风格室内设计。金属风格室内设计的主要特点包括现代感强、工业感重、时尚百搭和质感丰富等，如图6-26所示。

图6-26 金属风格室内设计

提示: metal style, interior design, modernity, industrial aesthetic, art form, metal materials, clean lines, rugged surfaces, metal furniture, lighting fixtures, fashion, avant-garde, bright lighting, geometric patterns, modernity, industrial aesthetic, unique charm, fashionable appeal, 8K。

翻译: 金属风格，室内设计，现代性，工业美学，艺术形式，金属材料，简洁的线条，粗糙的表面，金属家具，照明设备，时尚，前卫，明亮的灯光，几何图案，现代性，工业美学，独特的魅力，时尚魅力，8K。

**4** 玻璃风格室内设计。玻璃风格室内设计的主要特点包括透明、现代简约和艺术感强等，如图6-27所示。

提示: glass style, interior design, transparency, sense of lightness, art form, glass materials, glass walls, partitions, glass furniture, modern, open, light, sense of spaciousness, natural light, visual extension, comfortable, pleasant, unique charm, modern ambiance, 8K。

翻译: 玻璃风格，室内设计，透明，轻盈感，艺术形式，玻璃材料，玻璃墙，隔断，玻璃家具，现代的，开放的，光线，宽敞感，自然光，视觉延伸，舒适的，宜人的，独特的魅力，现代氛围，8K。

图6-27　玻璃风格室内设计

### 6.3.3　儿童房设计案例

**第一步：需求分析**

设计需求：设计一间儿童房。

前期可以通过类似ChatGPT的工具来生成设计方案，下面以文心一言为例进行展示。

> **我**　提问一：请给出三个儿童房的设计方案。

**方案一：梦幻乐园**

设计理念：为孩子创造一个充满童趣和想象力的乐园。在这个乐园里，孩子可以尽情玩耍、学习和成长。

色彩搭配：采用明亮的色彩搭配，如粉色、蓝色、黄色等，营造出欢快、活泼的氛围。

家具设计：选择圆润的边角，以确保孩子的安全；同时，家具尺寸要适合孩子的身高和体重，方便孩子使用。

娱乐设施：在房间的一角设计一个大型的攀爬架，让孩子锻炼身体和协调能力。另外，还可以在墙壁上安装一些互动性的玩具，如拼图、画板等，让孩子可以随时进行娱乐和学习。

装饰元素：添加一些可爱的卡通形象、玩具或装饰品，如迪士尼公主、小汽车、小熊等，让孩子喜欢上自己的房间。

**方案二：探险森林**

设计理念：将孩子的房间打造成一个神秘的森林探险基地，让孩子可以在这里感受到大自然的魅力，发掘各种新奇的事物，拓展自己的视野和想象力。

色彩搭配：采用绿色和棕色等自然色调，打造出置身森林的感觉。

家具设计：选择原木色的家具，打造出自然、质朴的感觉；可以在家具上刻一些简单的图案，增强趣味性。

装饰元素：添加一些森林中的装饰元素，如树叶、松果、小动物等；在墙壁上挂一些森林中的图片和画作，让孩子感受到大自然的魅力。

学习区域：在房间的一角设置一个学习区域，放置一些自然科普书籍和教具，让孩子在这里学习到关于大自然的各种知识。

方案三：科技天地

设计理念：为孩子打造一个充满科技氛围的智能空间，培养孩子的创新思维和实践能力。在这个天地里，孩子可以接触到各种科技玩具和教具，从而激发他们的好奇心和探索欲望。

色彩搭配：采用蓝色、银色等冷色调，营造出科技感。

家具设计：选择简洁的家具设计，注重实用性和功能性。可以在家具上添加一些科技元素，如LED灯带、感应器等。

装饰元素：添加一些与科技相关的装饰元素，如星球大战、机器人等。在墙壁上可以挂一些与科技相关的图片和画作，激发孩子的好奇心。

学习区域：在房间的一角设置一个学习区域，放置一些科技玩具和教具，如乐高积木、电子拼图等。让孩子在这里接触到各种科技知识，从而培养他们的实践能力和创新思维。

---

我　提问二：将方案二细化为一个专业的儿童房设计方案。

---

ⓖ　1. 设计概述

本设计方案旨在为孩子打造一个充满自然气息和探险精神的儿童房。我们希望通过运用森林元素和创意装饰，激发孩子的好奇心、想象力和探索欲望，让他们在快乐的环境中成长。

2. 空间布局

睡眠区：放置一张舒适且符合孩子身高的床，床头背景墙可采用森林壁画，以增强趣味性。

学习区：设置一张适合孩子使用的书桌和椅子，书桌上方安装开放式书架，方便孩子取阅书籍。

娱乐区：布置一些森林主题的玩具和游戏，如木质拼图、动物玩偶等。

储物区：设计一些嵌入式或隐藏式的储物柜，用于存放孩子的衣物和玩具。

3. 色彩与材质

色彩：以绿色和棕色为主色调，打造出置身森林的感觉。同时，可以加入一些明亮的色彩作为点缀，如黄色、蓝色等，增强空间的活泼感。

材质：家具选择原木材质，保留木纹的质感，同时确保家具的环保和安全。墙面和地面可选用环保乳胶漆和木地板，营造出自然温馨的感觉。

4. 装饰与细节

墙面装饰：选择一面墙绘制森林壁画，或者贴上一幅森林主题的大幅墙纸。其他墙面可以挂一些森林元素的装饰画或照片墙。

地面装饰：在地板上铺设一些仿真的树叶、松果等装饰品，增强森林的真实感。同时，可以选择一些可爱的动物图案地垫，让孩子在玩耍时感受到自然乐趣。

灯光设计：选择柔和的暖色调灯光，营造出温馨舒适的氛围。同时，可以在床头或书桌上放置一盏造型独特的台灯，增强空间的趣味性。

家具设计：床、书桌、椅子等家具均可采用原木材质，保留自然的木纹质感。在细节上，可以加入一些森林元素的设计，如鹿角造型的衣架、树叶形状的把手等。

根据以上信息我们就可以提炼出一些自己想要的设计关键词。

风格：探险森林风。

主题元素：儿童房，床，书架，森林壁画，动物图案地毯，动物玩偶，暖黄色灯光。

色调：绿色，原木色。

材质：原木材质，乳胶漆。

**第二步：确定最终设计效果**

根据提炼的设计关键词生成一些创意视觉方案，并反复进行尝试，直到生成自己想要的方案为止，如图6-28所示。

图6-28 最终效果图

提示：adventure forest style，children's room，bed，bookshelf，forest mural，animal rug，animal dolls，warm yellow light，wood flooring，8K。

翻译：探险森林风格，儿童房，床，书架，森林壁画，动物图案地毯，动物玩偶，暖黄色灯光，木地板，8K。

## 6.3.4 总结及展望

AI绘画与室内设计的结合具有以下特点。

◎ 高效性与精确性：AI绘画能够快速生成高质量的室内效果图，而且可以根据设计师的需求进行精确的调整。

◎ 创新性：AI绘画可以生成独特的设计方案，为设计师提供灵感。同时，AI还可以结合不同的设计元素，创作出前所未有的设计风格。

◎ 降低成本：AI绘画可以帮助设计师降低成本。

未来AI绘画与室内设计的结合还有望实现如下功能。

◎ 跨界融合：AI绘画可以与其他领域，如建筑、家具、灯具等，进行跨界融合，从而创作出更加多元化的设计作品。

◎ 环保、可持续设计：随着人们环保意识的提高，AI绘画技术可以用于生成环保、可持续的室内设计方案。

◎ 智能化设计：未来，AI绘画技术将更加智能化，能够根据客户的需求和喜好自动生成设计方案，提高设计效率和质量。

# 6.4 结束语

AI绘画技术对于建筑设计的创新和发展具有重要意义。

一方面，AI绘画技术可以显著提高设计效率。通过计算机视觉和深度学习算法，AI可以快速地自动生成符合规范和要求的建筑设计图纸，从而大大缩短设计周期。同时，AI绘画技术可以通过分析大量历史设计数据，预测出合理的建筑结构和空间布局，自动调整细节，从而提高设计的准确度和一致性。这种智能化的设计方式可以为设计师减少工作量，让他们有更多的时间和精力去关注创意和设计理念。

另一方面，AI绘画技术在建筑设计领域的应用也存在一些缺点。首先，AI绘画技术无法完全替代人类设计师在评估设计的实用性和预测未来趋势方面的作用。尽管AI绘画技术可以快速生成大量的设计方案，但它并不能像人类设计师一样创作出具有灵魂和情感的设计。此外，AI绘画技术也无法很好地理解和应用人类设计师的创新思维和艺术理念。

因此，对于AI绘画技术在建筑设计领域的应用，我们应该采取积极的态度，既要看到其优点，也要认识到其局限性。未来，我们可以以人机协同的方式来提高设计效率，同时保持设计的创新性和实用性。同时，我们也应该继续探索和研究AI绘画技术的发展和应用，从而使其更好地服务于建筑设计行业的发展。

第7章

AI绘画在
电影领域的应用

## 本章导读

电影被称为世界上的"第七艺术"，它诞生于1895年，是现代科学技术的产物。从无声短片到超高清视听盛宴，从摄影实验萌芽到数字娱乐产业兴盛，电影不仅映射了人类文明的进步，也见证了社会的深刻变迁。它不仅是一种娱乐形式，更是一面巨大的镜子，反射着观众所处时代的思想和情感。在现代社会中，电影已然成为公共文化和个体记忆的重要载体，对社会氛围与个人情绪都有着深远的影响。

AI绘画在电影领域的应用包括以下几个方面。

◎ AI绘画助力电影特效制作，能够精细修饰角色与场景细节，并创造出多样化的视觉效果。通过使用AI绘画技术，电影制作者可以更加快速和准确地实现各种视觉效果，提高电影的观赏性和表现力。

◎ 利用深度学习和生成对抗网络等先进技术，AI绘画能迅速创作出高度逼真的人物角色，并自动生成多个设计变体，极大地丰富了电影角色设计的选择范围。

◎ AI绘画可以用于创作电影剧本的视觉元素，如场景、装饰、道具等，为电影创作提供更多的想象空间。通过AI绘画技术，电影制作者可以更加自由地表达和实现自己的创作思路，提高电影的创新性和独特性。

综上所述，AI绘画在电影领域的应用主要包括快速创建虚拟场景、特效、人物角色设计，以及为电影剧本创作提供更多的想象空间等方面。这使得AI绘画成为电影制作的重要工具和手段，并有望在未来发挥更加重要的作用。

接下来我们分别介绍AI绘画在电影分镜设计、电影人物设计及电影场景设计中的应用。

# 7.1 电影分镜设计

电影分镜设计是指将电影的动态影像以故事画面的形式进行绘制，按照叙事要求进行排列组合，并对镜头的运镜方式、动作、持续时长、对白、特效等进行明确标注。它不仅是将文字转换成可视化立体视听形象的关键媒介，也是导演将各种动态影像的文字内容分割成一整套可以用来摄制的镜头的剧本。

分镜设计是电影制作中不可或缺的一个重要环节，它能够帮助导演和制作团队更好地把握影片的整体节奏和风格，为最终的电影制作提供重要的参考依据。

## 7.1.1 AI电影分镜设计通用魔法公式

**通用魔法公式：分镜类型 + 分镜设计 + 电影类型 + 场景描述 + 辅助提示**

核心提示：分镜设计（film storyboard design）。

辅助提示：特写（close-up），跟踪镜头（tracking shots），景深（depth of field），微距镜头（macro shots）。

## 7.1.2　AI 电影分镜效果展示

### 1. 眼部特写分镜

　　眼部特写分镜是指通过截取两个角色的眼部特写镜头作为分镜，搭配移动，营造出紧张凝重的氛围。这种分镜可以用于不同时空的人物对话场景，增加空间感，避免来回切换图片造成视觉上的不适，如图 7-1 所示。

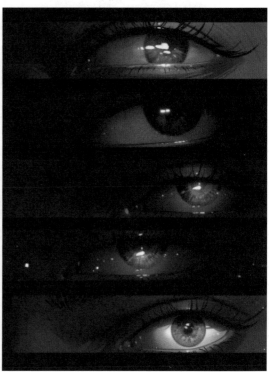

图 7-1　眼部特写分镜

　　提示：eye-centric film storyboard design, eye details, visual effects, art form, eyes, emotions, plot, atmosphere, eye contact, tears, eye communication, eye composition, special effects, camera techniques, close-up, backlighting, fisheye, audience, emotional resonance, visual experience, camera switching, editing, unique charm, infectious power, 8K, --niji 5, --s 180。

　　翻译：以眼睛为中心的电影分镜设计，眼睛细节，视觉效果，艺术形式，眼睛，情感，情节，气氛，眼神接触，眼泪，眼神交流，眼睛构图，特效，摄像技术，特写，逆光，鱼眼，观众，情感共鸣，视觉体验，镜头切换，剪辑，独特的魅力，感染力，8K，--niji 5，--s 180。

### 2. 人物对话分镜

　　人物对话分镜是指通过分镜的方式，将人物之间的对话场景进行视觉化的呈现。在人物对话分镜中，通常会采用不同的角度、景别和拍摄手法来表现人物的表情、动作和语言，以展现出人物的性格特点和情感状态，如图 7-2 所示。

图7-2　对话分镜

提示：dialogue-centric film storyboard design, character interaction, plot progression, art form, facial expressions, postures, actions, camera switches, importance, tense atmosphere, camera techniques, medium shots, backlighting, tracking shots, audience, emotional resonance, story comprehension, camera arrangements, editing, unique charm, storytelling ability, 8K, --niji 5, --s 180。

翻译：以对话为中心的电影分镜设计，人物互动，情节进展，艺术形式，面部表情，姿势，动作，镜头切换，重要性，紧张气氛，摄影技巧，中景，逆光，跟踪镜头，观众，情感共鸣，故事理解，摄影机安排，剪辑，独特的魅力，讲故事能力，8K，--niji 5，--s 180。

### 3. 时间流逝分镜

时间流逝分镜是指在电影制作中，通过分镜的方式，将时间的流逝呈现给观众。这种分镜的方式可以用来展示时间的流逝和变化，以及人物在时间流逝中的变化，如图7-3所示。

图7-3　时间流逝分镜

提示：time-lapse film storyboard design，time progression，plot development，art form，environmental changes，character actions，object movements，camera switches，passage of time，plot development，camera techniques，fast-paced editing，slow motion，audience，emotional resonance，story comprehension，camera arrangements，unique charm，narrative ability，8K，--niji 5，--s 180。

翻译：延时电影分镜设计，时间进展，情节发展，艺术形式，环境变化，人物动作，物体运动，镜头切换，时间流逝，情节发展，摄影技巧，快节奏剪辑，慢动作，观众，情感共鸣，故事理解，镜头安排，独特的魅力，叙事能力，8K，--niji 5，--s 180。

### 4. 景深分镜设计

景深分镜设计是指通过把背景模糊化来突出拍摄对象。在电影制作中，通过控制景深的大小，可以营造出不同的视觉效果和氛围。景深越大，背景越清晰；景深越小，背景越模糊。景深的大小通过调整镜头的焦距和光圈大小来控制，如图7-4所示。

图7-4　景深分镜设计

提示：depth of field film storyboard design，clear focus，art form，photography techniques，shallow depth of field，deep depth of field，blurred background，visual effects，audience，visual perception，emotional resonance，lens selection，editing，unique charm，visual expression ability，8K，--niji 5，--s 180。

翻译：景深电影分镜设计，清晰焦点，艺术形式，摄影技巧，浅景深，深景深，背景虚化，视觉效果，观众，视觉感知，情感共鸣，镜头选择，剪辑，独特的魅力，视觉表达能力，8K，--niji 5，--s 180。

#### 5. 局部特写镜头

局部特写镜头是指将摄影机的镜头聚焦在画面中的某一特定部位或细节上，以突出该部分的表现力和视觉冲击力。局部特写镜头通常用于展现人物面部表情、手势、动作细节等，以强调人物的情感、内心活动或特定情景，如图7-5所示。

图7-5　局部特写镜头

提示：close-up film shot storyboard design, close observation, art form, subtle expressions, object textures, action details, camera switches, importance, visual impact, camera techniques, extreme close-up, macro shots, slow motion, audience, emotional resonance, camera arrangements, editing, unique charm, observational skills, 8K, --niji 5, --s 180。

翻译：特写电影镜头分镜设计，近距离观察，艺术形式，微妙表情，物体纹理，动作细节，镜头切换，重要性，视觉冲击力，摄影技巧，极限特写，微距镜头，慢动作，观众，情感共鸣，镜头安排，剪辑，独特的魅力，观察力，8K，--niji 5，--s 180。

### 7.1.3　对话镜头设计案例

#### 第一步：需求分析

设计需求：为男女主角分别设计一组白天对话镜头和夜晚对话镜头。

前期可以通过类似ChatGPT的工具来生成设计方案，下面以文心一言为例进行展示。

> 我　提问一：为男女主角设计一组白天对话镜头和夜晚对话镜头。

好的。

一、白天对话镜头方案

1. 场景设计

该场景显示一个阳光明媚的公园或花园，绿树成荫，鸟语花香。

2. 对话内容

男主角：（微笑着）今天的天气真好，不是吗？

女主角：（抬头看天空）是的，阳光明媚，让人心情也好了起来。

男主角：还记得我们第一次一起来这里的时候吗？

女主角：（点头）当然记得，那天你为我摘了一朵花，还说我是你的阳光。

男主角：（轻轻笑）是的，你一直都是我的阳光，照亮了我的生活。

女主角：（深情地看着男主角）我也是，有你在身边，我觉得世界都变得更加美好了。

3. 镜头切换

镜头捕捉两人深情对视的瞬间，阳光洒在他们身上，营造出一种温暖、甜蜜的氛围。

二、夜晚对话镜头方案

1. 场景设计

该场景显示一个安静的露台或阳台，周围是繁星点点的夜空，远处有微弱的灯光。

2. 对话内容

男主角：（看着夜空）你知道吗？我从小就喜欢看星星，觉得它们很神秘。

女主角：（依偎在男主角身边）我也是，每次看星星都会让我想起远方的梦想和未来的希望。

男主角：那你有什么梦想呢？

女主角：（微笑）我的梦想就是和你一起走过每一个春夏秋冬，看遍世间的风景。

男主角：（深情地看着女主角）那也是我的梦想。

提问二：请提炼上述方案中的人物表情。

好的。

一、白天对话镜头人物表情提炼

男主角：微笑，表现出轻松、愉快的心情。

女主角：抬头看天空，脸上露出愉悦的表情，对男主角的话表示认同。

男主角：深情地看着女主角，眼中充满爱意。

女主角：深情地看着男主角，脸上露出幸福的笑容。

二、夜晚对话镜头人物表情提炼

男主角：看着夜空，眼中闪烁着对未知的好奇和对未来的憧憬。

女主角：依偎在男主角身边，脸上露出安心的表情，对男主角产生依赖感。

男主角：深情地看着女主角，询问她的梦想，表现出对她的关心和尊重。

女主角：微笑地回应男主角，眼中闪烁着坚定的光芒，表现出对未来的信心和期待。

男主角和女主角：深情对视，脸上露出幸福的笑容，表现出彼此间的默契和爱意。

根据以上信息我们就可以提炼出一些自己想要的设计关键词。

**一、白天对话镜头设计关键词**

**镜头类型：**白天镜头。

**主题元素：**年轻男性，年轻女性，阳光明媚的公园，温馨地对话，深情地对望。

**色调：**清新自然的绿色。

**表情：**微笑。

## 二、夜晚对话镜头设计关键词

镜头类型：夜晚镜头。

主题元素：年轻男性，年轻女性，露台，安静地对话，星空，灯光。

色调：深邃的蓝色，温暖的黄色。

表情：微笑。

### 第二步：确定最终设计效果

根据提炼的设计关键词生成一些创意视觉方案，并反复进行尝试，直到生成自己想要的方案为止，如图7-6和图7-7所示。

图7-6　最终效果图（白天）

提示：daytime dialogue shot, young man, young woman, sunny park, cosy conversation, smiling, looking fondly at each other, 8K。

翻译：白天对话镜头，年轻男性，年轻女性，阳光明媚的公园，温馨的对话，微笑的，深情地对望，8K。

图7-7　最终效果图（夜晚）

提示：night dialogue shot，film，young man，young woman，sitting on a terrace，quiet conversation，deep starry sky，warm yellow light，8K。

翻译：夜晚对话镜头，电影，年轻男性，年轻女性，在露台上坐着，安静地对话，深邃的星空，暖黄的灯光，8K。

### 7.1.4　总结及展望

AI 绘画与电影分镜设计的结合是一种创新的技术应用，它为电影制作带来了更多的可能性和创意，具有以下优点。

◎ 快速生成和优化分镜：AI 绘画技术能够迅速生成多样化的分镜，涵盖场景、角色、动作等多个方面；优化分镜的设计，使其更加符合故事情节和人物性格。

◎ 生成多样化的视觉效果：AI 绘画技术可以生成各种风格的视觉效果，包括抽象、具象、超现实等。这为电影分镜设计提供了更多的选择，使制作团队可以根据故事情节和导演的意图来选择适合的视觉效果。

◎ 提高效率和质量：AI 绘画技术可以自动化生成分镜，减少人工绘制的时间和成本；同时，AI 绘画技术也可以对分镜进行优化和修正，提高分镜的质量和准确性。

未来，AI 绘画与电影分镜设计的结合将会更加普及和成熟，为电影制作带来更多的创意和可能性。

## 7.2　电影人物设计

电影人物设计是指根据电影中人物的性格、背景、形象特征等，通过服装、化妆、道具等手段，塑造出与人物特征相符的人物形象。电影人物设计是为了使观众更好地理解人物的性格、背景和形象特征，同时增强电影的艺术表现力和观赏价值。

### 7.2.1　AI 电影人物设计通用魔法公式

**通用魔法公式：电影风格 ＋ 电影人物设计 ＋ 场景描述 ＋ 辅助提示**

核心提示：电影人物设计（movies character design）。

辅助提示：迪士尼（Disney），皮克斯（Pixar），现代都市（modern metropolis），超现实（surreal），精致的服装和发型（elaborate costumes and hairstyles），宏伟的头饰和配饰（majestic headwear and accessories），时尚发型（trendy hairstyles）。

### 7.2.2　AI 电影人物设计效果展示

#### 1. 漫画人物

**1** 迪士尼。迪士尼的人物形象通常使用鲜艳的色彩，以增强视觉冲击力，使角色形象更加鲜明，并利用简洁流畅的线条，使角色易于识别，从而让观众能够快速记住和喜欢这些角色，如图 7-8 所示。

图7-8 迪士尼电影人物

提示：Disney movies，animation character design，cuteness，liveliness，sense of magic，whimsy，imagination，Disney classic animations，princesses，animal friends，fantasy creatures，personality，large eyes，exaggerated expressions，soft lines and colors，wonderful adventures，beautiful stories，3D，8K，--niji 5，--s 180。

翻译：迪士尼电影，动画角色设计，可爱，活泼，魔幻感，异想天开，想象力，迪士尼经典动画，公主，动物朋友，奇幻生物，个性，大眼睛，夸张的表情，柔和的线条和色彩，奇妙的冒险，美丽的故事，3D，8K，--niji 5，--s 180。

**2** 皮克斯。皮克斯的动漫人物特点在于其情感丰富、设计独特、故事性强和创新性强等方面，如图7-9所示。

图7-9 皮克斯电影人物

提示：Pixar movies, animation character design, delicacy, warmth, emotional depth, touching moments, protagonists, supporting characters, animal friends, personality, rich expressions, intricate lines and colors, emotional stories, connections, 3D, 8K, --niji 5, --s 180。

翻译：皮克斯电影，动画角色设计，细腻，温暖，情感深度，感人时刻，主角，配角，动物朋友，个性，丰富的表情，复杂的线条和色彩，情感故事，联系，3D，8K，--niji 5，--s 180。

**3** 二次元。二次元风格人物的特点在于其夸张的特征、多样化的发型和眼睛、简化的细节、丰富的表情和肢体语言、多样化的服装和配饰等方面，如图7-10所示。

图7-10　二次元电影人物

提示：two-dimensional movies, anime character design, cuteness, exaggeration, individuality, youth, vitality, protagonists, supporting characters, adorable pets, charm, large eyes, exaggerated expressions, elaborate costumes and hairstyles, passion, endless possibilities, 8K, --niji 5, --s 180。

翻译：二次元电影，动漫人物设计，可爱，夸张，个性，青春，活力，主角，配角，可爱的宠物，魅力，大眼睛，夸张的表情，精致的服装和发型，激情，无限可能，8K，--niji 5，--s 180。

### 2. 古装人物

**1** 中国古典风。中国古典人物往往脸型圆润，轮廓柔和且相对较大，鼻子挺直，鼻翼宽阔，嘴唇厚实，发型复杂，配有各种各样的发髻和发饰，给人一种华丽、高贵的感觉，如图7-11所示。

图7-11　中国古典风人物

提示：Chinese historical costume movies, character design, elegance, solemnity, tradition, classical beauty, charm, ancient emperors, palace concubines, generals, scholars, elaborate costumes, intricate hairstyles and accessories, ancient history, mystery, charm of Chinese culture, 8K, --ar 3:4。

翻译：中国历史古装电影，人物设计，典雅，庄重，传统，古典美，魅力，古代帝王，宫廷嫔妃，将军，学者，精致的服装，复杂的发型和配饰，古代历史，神秘，中国文化的魅力，8K，--ar 3:4。

**2** 古罗马风。古罗马人的面部特征通常比较立体，鼻梁高挺，眼睛深邃。古罗马人的服装通常比较华丽，喜欢用各种宝石和金属装饰，如图7-12所示。

图7-12　古罗马风人物

提示：ancient Roman movies, character design, grand, solemnity, classical, ancient Roman Empire, charm, glory, Roman emperors, nobles, warriors, slaves, elaborate costumes, magnificent headwear and accessories, ancient empire, splendor, legends, 8K, --ar 3:4。

翻译：古罗马电影，人物设计，宏伟，庄严，古典，古罗马帝国，魅力，荣耀，罗马皇帝，贵族，战士，奴隶，精致的服装，雄伟的头饰和配饰，古代帝国，辉煌，传奇，8K，--ar 3:4。

**3** 古印度风。古印度人的面部特征通常比较立体，眼睛深邃，鼻梁高挺。服装通常比较华丽，喜欢用各种宝石和金属装饰，如项链、手镯、耳环等，如图7-13所示。

图7-13 古印度风人物

提示：ancient Indian movies, character design, grand, solemnity, mystery, charm of ancient Indian, romance, ancient royalty, nobles, dancers, monks, elaborate costumes, intricate jewelry and headwear, ancient kingdoms, splendor, 8K, --ar 3:4。

翻译：古印度电影，人物设计，宏伟，庄严，神秘，古印度的魅力，浪漫，古代皇室，贵族，舞者，僧侣，精致的服装，复杂的珠宝和头饰，古代王国，辉煌，8K，--ar 3:4。

### 3. 现代都市人物

**1** 休闲风。休闲风人物注重简约时尚的穿搭，追求舒适、自然和实用的风格，他们通常选择简单、舒适的服装，注重色彩搭配和款式设计，展现出时尚、简约的品位，如图7-14所示。

图7-14 休闲风人物

提示：modern urban movies, leisure character design, fashion, freedom, relaxation, charm of modern cities, urban white-collar workers, artists, students, fashionistas, stylish clothing, trendy hairstyles and accessories, urban life, vitality, diversity, 8K, --ar 3:4。

翻译：现代都市电影，休闲角色设计，时尚，自由，放松，现代都市魅力，都市白领，艺术家，学生，时尚达人，时尚服饰，潮流发型和配饰，都市生活，活力，多样性，8K，--ar 3:4。

**2** 商务风。商务风人物通常需要展现出正式、专业的形象，因此他们的服装通常以西装、衬衫、领带等为主，注重色彩搭配和款式设计，展现出专业、自信的形象，如图7-15所示。

图7-15 商务风人物

提示：modern urban movies, business character design, profession, confidence, success, charm of modern urban business, authority, corporate executives, business elites, investors, consultants, formal business attire, sleek hairstyles and accessories, business world, competition, achievements, 8K，--ar 3:4。

翻译：现代都市电影，商业角色设计，专业，自信，成功，现代都市商业魅力，权威，企业高管，商业精英，投资者，顾问，正式商务装束，时髦发型和配饰，商业世界，竞争，成就，8K，--ar 3:4。

**3** 潮酷风。潮酷人物追求独特的造型，敢于挑战和尝试各种新的、非主流的穿搭和发型，善于运用各种配饰来点缀自己的造型，如帽子、眼镜、耳环、手链等，如图7-16所示。

图7-16  潮酷风人物

提示：modern urban movies, cool character design, individuality, avant-garde, independence, trends of modern cities, fashionistas, street artists, rock musicians, freelancers, fashionable clothing, edgy hairstyles and accessories, fashion culture, vitality, unique charm，8K，--ar 3:4。

翻译：现代都市电影，酷炫角色设计，个性，前卫，独立，现代都市潮流，时尚达人，街头艺术家，摇滚音乐家，自由职业者，时尚服饰，前卫发型和配饰，时尚文化，活力，独特的魅力，8K，--ar 3:4。

**4. 超现实人物**

**1** 机器人。机器人通常具有机械结构，包括各种关节、连杆、轮子等，用于实现各种运动和操作，如图7-17所示。

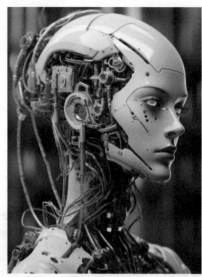

图7-17 机器人

提示：surreal movies，robot character design，futurism，technology，fantasy，surrealism，imagination，intelligent robots，combat robots，assistant robots，streamlined shapes，glowing components，intricate details and devices，advancement of technology，future worlds，mystery，8K，--ar 3:4。

翻译：超现实电影，机器人角色设计，未来主义，技术，幻想，超现实主义，想象力，智能机器人，战斗机器人，助理机器人，流线型外形，发光组件，复杂细节和装置，技术进步，未来世界，神秘，8K，--ar 3:4。

**2** 外星人。外星人的外形特点并没有一个确定的答案，因为目前我们还没有实际接触到外星生命。然而，根据科幻作品和科学家的推测，外星人的外形可能与我们完全不同，他们的头部形状各异，眼睛可能很大或者很小，皮肤颜色和质地多样，如图7-18所示。

图7-18 外星人

提示：surreal movies，alien character design，strangeness，otherworldliness，mystery，surrealism，imagination，beings from other planets，unique appearances，otherworldly vibe，bizarre appearances，unusual body structures，exotic clothing and adornments，mystery of the unknown universe，8K，--ar 3:4。

翻译：超现实电影，外星人物设计，陌生感，异世界感，神秘感，超现实主义，想象力，来自其他星球的生物，独特的外表，异世界的氛围，奇异的外表，不寻常的身体结构，异国情调的服装和装饰品，未知宇宙的神秘，异国情调的诱惑，8K，--ar 3:4。

## 7.2.3　警察人物形象设计案例

### 第一步：需求分析

设计需求：为军事题材电影设计警察人物形象。

前期可以通过类似ChatGPT的工具来生成设计方案，下面以文心一言为例进行展示。

> 我　提问：请给出一个军事题材电影警察人物形象的专业设计方案。

项目名称：《铁血警魂：无畏先锋》

一、概述

本设计以军事题材电影为背景，目的是塑造一个生动、立体且充满魅力的警察人物形象，从而为电影注入活力和深度。

二、人物背景

角色名：赵无畏。

年龄：35岁。

性别：男。

职业：特种部队出身，现为警察局反恐特警队队长。

性格：刚毅、果断，对正义有着坚定的信念，善于在压力下做出决策。

三、形象设计

1. 外貌特征：赵无畏拥有健硕的身材和硬朗的面容，他的双眼透露出果敢和坚定。他留着一头短发，身穿特警制服，佩戴着齐全的装备，显得专业而严谨。

2. 服装与配饰：身穿以深色调为主的特警制服，配备战术背心、头盔、护目镜等特种装备。制服上的徽章和标志彰显了他的身份和荣誉。

根据以上信息我们就可以提炼出一些自己想要的设计关键词。

基调：冒险军事，正义。

主题元素：警察，特警制服，头盔，徽章，坚定的眼神。

色调：深绿色。

### 第二步：确定最终设计效果

根据提炼的设计关键词生成一些创意视觉方案，并反复进行尝试，直到生成自己想要的方案为止，如图7-19所示。

图 7-19　最终效果图

提示：adventure military movie，Asian man，police officer，dark green uniform，helmet，badge，determined eyes，8K。

翻译：冒险军事电影，亚洲男子，警察，深绿色军装，头盔，徽章，坚定的眼神，8K。

### 7.2.4　总结及展望

AI 绘画结合电影人物设计的优势主要表现在以下几个方面。

◎ 提高效率：AI 绘画可以大幅缩短电影人物设计的时间。传统的人物设计往往需要设计师花费大量的时间进行手绘和细节调整，而 AI 绘画可以在短时间内生成多种设计方案，供设计师选择和修改。

◎ 创新设计：AI 绘画具有强大的创造力，可以根据设计师的要求创造出各种不同的人物形象。这种技术可以激发设计师的灵感，推动他们创造出更具新意和吸引力的电影人物。

◎ 高精度呈现：AI 绘画可以实现高精度的细节呈现，使电影人物的设计更加精细、逼真。这种精度不仅可以满足电影制作的高标准要求，还能提升观众的观影体验。

展望未来，随着 AI 技术的不断发展，AI 绘画将能够更深入地参与到从初步构思到最终呈现的整个电影人物设计创作过程中，未来的 AI 绘画技术有望实现实时互动设计，让设计师在与 AI 的互动中即时调整和完善人物设计。这将大大提高设计的灵活性和效率。此外，AI 绘画可以与电影制作的其他环节进行跨领域合作，如与特效团队、服装设计师等共同打造更为真实、生动的电影人物形象。AI 绘画的普及和应用也将对艺术教育产生深远影响，未来可能会有更多关于如何结合 AI 绘画技术进行创作的课程和培训，培养新一代的电影人物设计师。

## 7.3　电影场景设计

电影场景是指电影中的时空环境，是电影情节和人物活动所依赖的背景和空间。根据不同的标准和角度，可以将电影场景划分为不同的类型。根据场景的空间特征，可以将其分为内景和外景，如室内、夜晚、雨天、山水、草原、城市街道等。根据场景的制作方式，可以将其分为实景和特技景，如历史建筑、科幻、神话、灾难等题材中的虚构场景等。根据场景在电影中的用途，可以将其分为场地外景和特效场景。

总之，电影场景的选择、利用、排列和构成，会对电影的叙事和视觉效果产生重要影响，从而影响观众的观影体验。

## 7.3.1　AI电影场景设计通用魔法公式

**通用魔法公式：电影风格 + 电影场景设计 + 场景描述 + 辅助提示**

核心提示：电影场景设计（movies scene design）。

辅助提示：现实主义（realism），浪漫主义（Romantism），鱼眼镜头（fisheye lenses），真实感（sense of reality），繁华街景（bustling street scenes）。

## 7.3.2　AI电影场景效果展示

### 1. 现实主义场景

现实主义场景是一种强调对现实世界真实再现的场景设计。在电影制作中，现实主义场景通常追求对现实世界的真实感和细节的还原，以营造出一种真实、可信的氛围，如图7-20所示。

图7-20　现实主义场景

提示：realism film scene design, real details, realistic presentation, art form, architecture, props, decorations, atmosphere, lighting, colors, photography techniques, wide-angle lenses, tracking shots, audience, emotional resonance, sense of reality, layout, composition, unique charm, realism expression ability, 8K。

翻译：现实主义电影场景设计，真实细节，真实呈现，艺术形式，建筑，道具，装饰品，气氛，灯光，色彩，摄影技巧，广角镜头，跟踪镜头，观众，情感共鸣，真实感，布局，构图，独特的魅力，写实表现能力，8K。

## 2. 古典主义场景

在电影制作中，古典主义场景注重对古典艺术中的色彩、构图、光影等元素的运用，以营造出一种古典、优雅、高贵的氛围，如图7-21所示。

图7-21 古典主义场景

提示：classical film scene design, ancient artistic style, traditional elements, art form, architecture, decorations, atmosphere, lighting, colors, photography techniques, long shots, steady shots, audience, emotional resonance, historical experience, set design, composition, unique charm, artistic expression ability, 8K。

翻译：古典电影场景设计，古代艺术风格，传统元素，艺术形式，建筑，装饰品，氛围，灯光，色彩，摄影技巧，远景，稳镜头，观众，情感共鸣，历史经验，布景设计，构图，独特的魅力，艺术表达能力，8K。

## 3. 中国古代场景

中国古代场景是指通过描绘古代中国的社会风貌、文化传统、建筑风格、服饰礼仪等元素，营造出具有浓厚中国古代特色的场景，如图7-22所示。

提示：ancient Chinese movies, scene design, tradition, elegance, grand, ancient charm, beauty, ancient palaces, courtyards, gardens, landscapes, architectural features, exquisite architectural structures, elaborate decorations, intricate carvings and paintings, charm of ancient culture, magnificence, 8K。

翻译：中国古代电影，场景设计，传统，典雅，宏伟，古韵，美感，古代宫殿，庭院，园林，风景，建筑特色，精美的建筑结构，精心的装饰，复杂的雕刻和绘画，古代文化的魅力，华丽，8K。

图7-22　中国古代场景

### 4. 浪漫主义场景

浪漫主义场景的设计通常注重情感的表达和个性的展现，通过丰富的色彩、造型和富有想象力的设计元素来营造出一种浪漫、梦幻的氛围，如图7-23所示。

图7-23　浪漫主义场景

提示：romantic film scene design, dreamy atmosphere, art form, soft tones, delicate textures, emotional expressions, lighting, set design, photography techniques, soft focus, slow motion, emotional resonance, composition, visual effects, unique charm, 8K。

翻译：浪漫主义电影场景设计，梦幻氛围，艺术形式，柔和色调，细腻纹理，情感表达，灯光，布景设计，摄影技巧、柔焦，慢动作，情感共鸣，构图，视觉效果，独特的魅力，8K。

### 5. 现代主义场景

在电影制作中,现代主义场景通常注重使用简洁的线条、抽象的形状和现代的材料和灯光,以营造出一种现代、前卫、简约的氛围,如图7-24所示。

图7-24 现代主义场景

提示:modern urban film scene design, modern city life, environment, art form, architecture, streets, people's lifestyles, innovative designs, bustling street scenes, diverse activities, lighting, colors, photography techniques, aerial shots, quick cuts, audience, sense of reality, layout, visual effects, unique charm, fashionable expression ability, 8K。

翻译:现代都市电影场景设计,现代城市生活,环境,艺术形式,建筑,街道,人们的生活方式,创新设计,繁华街景,多样化活动,灯光,色彩,摄影技巧、航拍、快切,观众,真实感,布局,视觉效果,独特的魅力,时尚表达能力,8K。

### 6. 超现实主义场景

超现实主义场景通常以非逻辑性和无意识的心理过程为灵感,通过梦境、意象、幻觉等元素来创造独特的视觉效果。这种场景设计往往带有一种超越现实的奇妙感觉和浓厚的梦幻色彩,如图7-25所示。

提示:surreal film scene design, creating a fantastical world, art form, bizarre elements, absurd settings, unimaginable situations, lighting, colors, photography techniques, fisheye lenses, time-lapse photography, audience, composition, visual effects, unique charm, artistic expression ability, 8K。

翻译:超现实主义电影场景设计,营造奇幻世界,艺术形式,奇异元素,荒诞设定,难以想象的情境,灯光,色彩,摄影技巧,鱼眼镜头,延时摄影,观众,构图,视觉效果、独特的魅力、艺术表达能力,8K。

图7-25　超现实主义场景

### 7. 科幻主义场景

科幻主义场景是指以科幻为背景，通过想象和创造，构建出与现实世界不同的、具有未来科技色彩的场景。这些场景通常包括未来城市、外星世界、高科技设备、异次元空间等元素，以展现人类对未来科技的探索和想象，如图7-26所示。

图7-26　科幻主义场景

提示：sci-fi movies，scene design，technology，futurism，fantasy，sci-fi elements，imagination，spaceships，alien planets，high-tech laboratories，setting of a future world，futuristic architectural structures，streamlined transportation vehicles，glowing decorations and high-tech devices，progress of technology，mystery of unknown worlds，8K。

翻译：科幻电影，场景设计，技术，未来主义，幻想，科幻元素，想象力，宇宙飞船，外星球，高科技实验室，未来世界的设定，未来派建筑结构，流线型交通工具，发光装饰和高科技设备，技术进步，未知世界的神秘，8K。

## 7.3.3 梦幻主题场景设计案例

### 第一步：需求分析

设计需求：为宠物猫和它的女主人搭建一个梦幻主题场景。

前期可以通过类似ChatGPT的工具来生成设计方案，下面以文心一言为例进行展示。

> 我 提问：我想为宠物猫和它的女主人搭建一个梦幻主题场景，请给出一个专业方案。

> 好的。以下是我生成的一个宠物猫和它的女主人的梦幻主题场景的专业方案。
>
> 一、场景概述
> 为宠物猫和它的女主人打造一个梦幻主题场景，让他们在温馨、浪漫的环境中互动，增进彼此的情感。这个场景将结合猫的习性和女主人的喜好，打造一个充满想象力和趣味性的空间。
>
> 二、场景设计
> 1. 入口区域：设置一个充满神秘感的入口，如月亮形状的门洞，引导主人和宠物猫进入梦幻世界。
> 2. 中心区域：在场景中心设置一个巨大的猫跳台，上面覆盖柔软的垫子，供宠物猫玩耍和休息。跳台可以设计成梦幻城堡的形状，加入彩色灯光和音乐装置，为宠物猫和主人创造愉悦的互动环境。
> 3. 背景区域：使用彩色的气球、飘带等装饰品，将背景布置成梦幻的云朵或星空，营造出浪漫、梦幻的氛围。
> 4. 互动区域：设置一些趣味互动装置，如红外线逗猫棒、猫抓板迷宫等，让主人和宠物猫在游戏中增进感情。
>
> 三、色彩搭配
> 整个场景以粉色、蓝色、紫色等柔和的色调为主，营造出温馨、浪漫的氛围。同时，可以适当加入金色、银色等亮色调，提升整个场景的质感。
>
> 四、装饰元素
> 1. 猫玩具：选择一些安全、有趣的猫玩具，如毛绒球、猫抓板等，让宠物猫尽情玩耍。
> 2. 灯光装置：在场景中布置一些柔和的灯光，如LED灯串、灯光装饰等，营造出梦幻的光影效果。
> 3. 音乐装置：加入一些舒缓的音乐元素，如八音盒、音乐盒等，为场景增添更多的情感氛围。

根据以上信息我们就可以提炼出一些自己想要的设计关键词。

风格：梦幻风格。

主题元素：猫咪，女性，城堡，云朵，星空，彩色灯光，气球，玩具，月亮门。

色调：粉色，紫色，金色。

### 第二步：确定最终设计效果

根据提炼的设计关键词生成一些创意视觉方案，并反复进行尝试，直到生成自己想要的方案为止，如图7-27所示。

图7-27　最终效果图

提示：surreal film scene design，a woman and a cat in the castle，clouds，starry sky，pink and purple lights，balloons，moon door，8K。

翻译：超现实主义电影场景设计，城堡中的一位女性和一只猫咪，云朵，星空，粉色和紫色灯光，气球，月亮门，8K。

### 7.3.4　总结及展望

AI绘画结合电影场景设计的优势主要表现在以下几个方面。

◎ 快速生成和优化场景：AI绘画技术可以快速生成各种类型的场景，包括建筑、风景、室内等。它还能根据故事情节和导演意图来优化场景设计。

◎ 生成多样化的视觉效果：AI绘画技术可以生成各种风格的视觉效果，包括抽象、具象、超现实等。这为电影场景设计提供了更多的选择，可以根据故事情节和导演的意图来选择适合的视觉效果。

◎ 带来创新性和实验性：AI绘画结合电影场景设计为电影制作带来了实验性和创新性，进而为观众带来全新的视觉体验。

未来，随着观众对视觉效果的追求不断提高，AI绘画技术也将在电影场景设计中得到更多的应用。

## 7.4　结束语

AI绘画在电影领域的应用已经越来越广泛，主要体现在以下几个方面。

◎ 角色设计和场景渲染：AI绘画可以生成逼真的角色形象和场景图像，以及不同的设计方案，从而帮助设计师提高创作效率。

◎ 特效制作：AI绘画在电影特效制作方面也发挥了重要作用。利用深度学习和计算机视觉技术，AI可以生成逼真的爆炸、火焰、水流等特效，使得电影画面更加生动逼真和引人入胜。

◎ 背景填充：在电影拍摄过程中，往往需要大量的背景图像来填充场景，AI绘画可以帮助快速生成这些背景图像，从而节省拍摄时间和成本。

◎ 动画制作：AI绘画可以用于动画制作。通过训练AI模型，可以生成流畅的动画效果，使得电影中的角色动作更加自然和生动。

◎ 风格转换：AI绘画还可以用于电影的风格转换。通过将一种风格的图像转换为另一种风格，可以为电影添加不同的视觉效果和风格。

总的来说，AI绘画在电影领域的应用显著提高了创作效率，有效节省了时间和成本，为电影制作带来了许多创新和可能性。

CHAPTER 08

第8章

AI绘画在网站与
社交软件领域的应用

**本章导读**

Web端和移动端是两种不同的用户界面，分别适用于不同的设备。

Web端通常是指通过桌面浏览器访问的网站或网页应用，这些网站或网页应用理论上可以在任何具备浏览器功能的设备上访问，包括台式电脑、笔记本电脑、平板电脑和智能手机等。由于Web开发主要面向桌面浏览器和网页应用，因此在设计上会重点考虑大屏幕显示以及鼠标/键盘等交互方式。

移动端则是指针对移动设备（如智能手机和平板电脑）开发的应用程序或网站。移动设备的屏幕尺寸较小、交互方式以触摸屏为主，且性能与桌面设备存在差异。

AI绘画方法在Web端和移动端设计都有广泛的应用，并且具有以下优势。

◎ 提高效率：AI绘画可以自动完成大量的绘画工作，而且速度快，节约了人力成本和时间成本。

◎ 可重复性：AI绘画可以迅速制作出一系列风格一致的作品，相较于传统手绘，它在保持风格一致性方面更具优势。

◎ 多样性：AI绘画具有广泛的应用价值，可用于游戏、动画、建筑设计等多个领域，满足不同用户的需求。

◎ 创新性：AI绘画可以利用深度学习等技术，不断提高自己的绘画技能，创作出更加有创意和想象力的作品。

◎ 精度高：AI绘画可以精准地绘制复杂的图案和几何形状，提高绘画的精度和准确性。

接下来我们将分别介绍AI绘画在Web端网站设计及移动端App界面设计中的应用。

# 8.1 网站设计

网站设计是将策划方案中的内容、网站的主题模式以及结合策划的专业认知，通过艺术的手法表现出来。它与网页设计有很大的关联，但也有所不同。

网站设计的主要目的是产生网站，也就是通过设计，将各种信息、元素和功能组织在一起，形成一个可以供用户浏览、操作和交互的网页。这些信息可能包括简单的文字、图片和表格，也可能包括复杂的矢量图形、动画、视频和音频等多媒体内容。这些元素需要通过网页制作的方式，以HTML（Hyper Text Markup Language，超文本标记语言）的形式呈现在网页上。

网站设计具有独特的特点。首先，它的实现依赖于互联网技术，能通过浏览器进行访问。其次，它是集策划、设计、技术实现和用户交互于一体的综合性工作。最后，网站设计需要考虑用户的需求和体验，以满足用户对信息获取、操作和交互的需求。

利用AI绘画进行网站设计包括以下几个方面。

◎ 使用AI绘画工具创建网站：这需要一些技术知识和创意，但可以提供独特的设计风格和视觉效果。

◎ 利用AI绘画工具创建网页布局：使用AI绘画工具可以快速创建网页布局，并为网页设计独特的元素。例如，利用AI绘画工具可以设计出独特的按钮、标志、导航栏、网页的背景和配色方案等元素。

◎ 利用AI绘画工具进行文字处理：使用AI绘画工具可以很容易地生成各种艺术字效果。例如，将文字变成图形，或者将文字设计成按钮或其他元素。

◎ 利用AI绘画工具进行交互设计：使用AI绘画工具可以设计出独特的交互效果。例如，在用户鼠标悬停时显示动态效果，或者在用户单击按钮时显示不同的页面。

◎ 利用AI绘画工具进行响应式设计：使用AI绘画工具可以轻松地创建响应式网页设计。例如，根据不同设备的屏幕尺寸和分辨率来调整网页的布局和元素大小。

## 8.1.1　AI 网站设计通用魔法公式

**通用魔法公式：网站设计 ＋ UI/UX设计 ＋ 设计风格 ＋ 页面元素 ＋ 辅助提示**

核心提示：网站设计（website design）。

辅助提示：女装（female clothes），音乐（music），旅游（travelling），现代的（modern），传统的（traditional），复古的（vintage），极简主义的（minimalist）。

## 8.1.2　AI 网站设计效果展示

### 1. 综合性门户网站设计

**1** 购物网站。购物网站设计需考虑界面友好、商品展示详细、购物流程便捷等特点，使得用户能够轻松完成购买过程，提高购物体验，如图8-1所示。

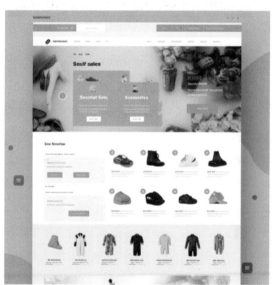

图8-1　购物网站

提示：e-commerce website design, UI design, user experience, product presentation, web interface design, layout, functionality, page structure, product categories, search, colors, visual effects, navigation bar, filtering tools, product details, product information, images, prices, user reviews, purchase options, user-friendliness, practicality, 8K。

翻译：电子商务网站设计，UI设计，用户体验，产品展示，网页界面设计，布局，功能，页面结构，产品类别，搜索，色彩，视觉效果，导航栏，过滤工具，产品详细资料，产品信息，图像，价格、用户评论，购买选项，用户友好性，实用性，8K。

**2** 娱乐视频网站。娱乐视频网站设计需要考虑用户体验、内容丰富性、视频质量、社交互动、个性化推荐等方面。这些因素将有助于建立一个吸引人、易于使用、内容丰富的娱乐视频网站，为用户提供愉快的观看体验，如图8-2所示。

图8-2　娱乐视频网站

提示：entertainment video website design, UI design, user experience, video content presentation, web interface design, layout, functionality, page structure, movies, TV shows, variety shows, colors, visual effects, navigation bar, search function, video playback, high quality, user comments, sharing, bookmarking, user-friendliness, entertainment value, 8K。

翻译：娱乐视频网站设计，UI设计，用户体验，视频内容呈现，网页界面设计，布局，功能，页面结构，电影，电视剧，综艺节目，色彩，视觉效果，导航栏，搜索功能，视频播放，高品质，用户评论，分享，书签功能，用户友好性，娱乐价值，8K。

**3** 新闻网站。新闻网站设计需要注重简洁清晰、快速更新、导航便捷、多媒体元素、互动性、个性化推荐等方面，以提供良好的用户体验和满足用户的需求，如图8-3所示。

提示：news website design, UI design, user experience, news content presentation, web interface design, layout, functionality, page structure, domestic news, international news, business news, colors, visual effects, navigation bar, search function, news detail, news headlines, summaries, relevant images, user comments, sharing, user-friendliness, practicality, 8K。

翻译：新闻网站设计，UI设计，用户体验，新闻内容呈现，网页界面设计，布局，功能，页面结构，国内新闻，国际新闻，商业新闻，色彩，视觉效果，导航栏，搜索功能，新闻详细信息，新闻标题，摘要，相关图片，用户评论，分享，用户友好性，实用性，8K。

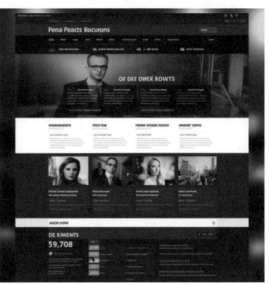

图8-3　新闻网站

## 2. 垂直门户网站设计

**1** 汽车网站。汽车网站设计需要提供丰富的车型展示，包括不同品牌、型号、配置的车辆图片、参数、价格等信息。用户可以通过网站了解不同车型的特点和性能，以便做出购买决策，如图8-4所示。

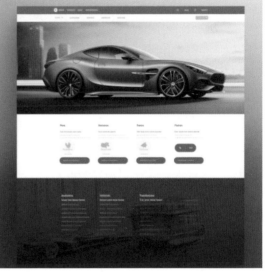

图8-4　汽车网站

提示：car website design, UI design, user experience, car information presentation, web interface design, layout, functionality, page structure, brands, models, specifications, features, prices, colors, visual effects, navigation bar, search function, car details, images, technical specifications, user reviews, online test drive appointments, price inquiries, user-friendliness, practicality, 8K。

翻译：汽车网站设计，UI设计，用户体验，汽车信息呈现，网页界面设计，布局，功能，页面结构，品牌，型号，规格，特点，价格，色彩，视觉效果，导航栏，搜索功能，汽车详细信息，图片，技术规格，用户评价，在线试驾预约，价格查询，用户友好性，实用性，8K。

**2** 医疗网站。医疗网站通常会使用多媒体内容，如图片、图表、视频等，以更直观地解释复杂的医疗概念和过程。这些多媒体元素需要设计得当，以确保内容的准确性和易于理解。另外，可以提供在线咨询、预约挂号、在线问诊等互动功能，方便患者与医生进行沟通和交流，如图8-5所示。

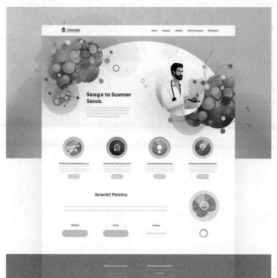

图8-5　医疗网站

提示：medical website design, UI design, user experience, dissemination of medical knowledge, website interface design, layout, functionality, page structure, disease knowledge, medical news, health advice, colors, visual effects, navigation bar, search function, disease details, symptoms, treatment methods, preventive measures, online consultation, appointment booking, user-friendliness, practicality, 8K。

翻译：医疗网站设计，UI设计，用户体验，医学知识传播，网站界面设计，布局，功能，页面结构，疾病知识，医学新闻，健康建议，色彩，视觉效果，导航栏，搜索功能，疾病详情，症状，治疗方法，预防措施，在线咨询，预约挂号，用户友好性，实用性，8K。

**3** 律所网站。律所网站需要展示专业、权威和可信赖的形象。设计应该体现出律所的专业性和品牌价值，包括使用专业的术语、提供高质量的法律内容，以及展示律师的专业资质和经验，如图8-6所示。

提示：law firm website design, UI design, user experience, legal service presentation, web interface design, layout, functionality, page structure, civil litigation, criminal defense, business law, colors, visual effects, navigation bar, search function, lawyer profiles, professional background, experience, cases, online consultation, appointment scheduling, user-friendliness, practicality, 8K。

翻译：律师事务所网站设计，UI设计，用户体验，法律服务呈现，网页界面设计，布局，功能，页面结构，民事诉讼，刑事辩护，商业法，色彩，视觉效果，导航栏，搜索功能，律师简介，专业背景，经验，案例，在线咨询，预约安排，用户友好性，实用性，8K。

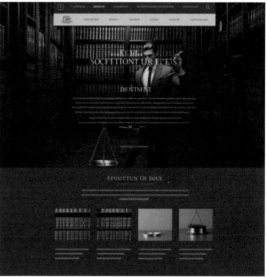

图8-6　律所网站

### 3. 信息服务网站设计

**1** 图书网站。图书网站的界面设计应该简洁明了，避免过多的装饰和复杂的布局，提供丰富的图书信息及便捷的搜索功能，使用户能够快速找到所需要的图书，提高用户的浏览体验，如图8-7所示。

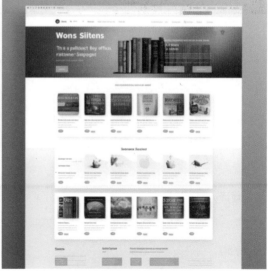

图8-7　图书网站

提示：book website design, UI design, user experience, book information presentation, web interface design, layout, functionality, page structure, novels, education, self-help, colors, visual effects, navigation bar, search function, book details, cover, summary, reader reviews, online purchasing, commenting, user-friendliness, practicality, 8K。

翻译：图书网站设计，UI设计，用户体验，图书信息呈现，网页界面设计，布局，功能，页面结构，小说，教育，自助，色彩，视觉效果，导航栏，搜索功能，图书详细信息，封面，摘要，读者评论，在线购买，评论，用户友好性，实用性，8K。

**2** 地理信息查询网站。地理信息查询网站设计注重简洁清晰的布局、多样化的地图展示、丰富的数据标注、便捷的搜索和查询功能、个性化定制、交互性和可操作性以提供良好的用户体验和满足用户的需求，如图8-8所示。

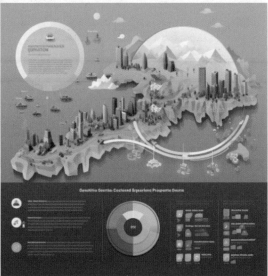

图8-8　地理信息查询网站

提示：geographic information query website design, UI design, user experience, geographic information presentation, web interface design, layout, functionality, page structure, maps, climate, population, colors, visual effects, navigation bar, search function, geographic details, geographic locations, statistical data, interactive features, user-friendliness, practicality, 8K。

翻译：地理信息查询网站设计，UI设计，用户体验，地理信息呈现，网页界面设计，布局，功能，页面结构，地图，气候，人口，颜色，视觉效果，导航栏，搜索功能，地理详细信息，地理位置，统计数据，交互功能，用户友好性，实用性，8K。

### 4. 社交网站设计

**1** 婚恋网站。婚恋网站的设计需要注重用户体验，包括简洁明了的界面设计、易用的功能操作等，以提高用户的满意度和留存率，如图8-9所示。

图8-9　婚恋网站

提示：matrimonial website design，UI design，user experience，matrimonial information presentation，web interface design，layout，functionality，page structure，user profiles，matching recommendations，colors，visual effects，navigation bar，search function，interests，photos，private messaging，online chat，user-friendliness，practicality，8K。

翻译：婚恋网站设计，UI设计，用户体验，婚恋信息呈现，网页界面设计，布局，功能，页面结构，用户配置文件，搭配推荐，色彩，视觉效果，导航栏，搜索功能，兴趣，照片，私信，在线聊天，用户友好性，实用性，8K。

**2** 交友网站。交友网站需要提供多元化的交友方式，包括在线聊天、线下活动、兴趣小组等，以满足不同用户的需求，如图8-10所示。

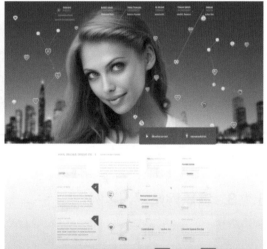

图8-10　交友网站

提示：dating website design, UI design, user experience, social information presentation, web interface design, layout, functionality, page structure, user profiles, matching recommendations, colors, visual effects, navigation bar, search function, interests, photos, private messaging, online chat, user-friendliness, practicality, 8K。

翻译：约会网站设计，UI设计，用户体验，约会信息呈现，网页界面设计，布局，功能，页面结构，用户配置文件，匹配推荐，色彩，视觉效果，导航栏，搜索功能，兴趣，照片，私信，在线聊天，用户友好性，实用性，8K。

**3** 宠物网站。宠物网站的界面设计应该清晰明了，避免过多的装饰和复杂的布局，能够提供丰富的宠物信息，包括品种、性别、年龄、性格、健康状况等。这些信息应该清晰地展示在页面上，方便用户了解宠物的特点和需求，并且快速找到所需的宠物，如图8-11所示。

图8-11　宠物网站

提示：pet website design, UI design, user experience, pet information presentation, web interface design, layout, functionality, page structure, cats, dogs, birds, colors, visual effects, navigation bar, search function, pet details, photos, breed characteristics, adoption, online appointments, community communication, user-friendliness, practicality, 8K。

翻译：宠物网站设计，UI设计，用户体验，宠物信息呈现，网页界面设计，布局，功能，页面结构，猫，狗，鸟，色彩，视觉效果，导航栏，搜索功能，宠物详细信息，照片，品种特征，领养，在线预约，社区交流，用户友好性，实用性，8K。

### 8.1.3　音乐网站设计案例

**第一步：需求分析**

设计需求：设计一个音乐网站。

前期可以通过类似ChatGPT的工具来生成设计方案，下面以文心一言为例进行展示。

---

> 我　提问：帮我设计一个专业的音乐网站界面方案。

一、界面设计概述

为了打造一个专业、直观且具有吸引力的音乐网站界面，我们将遵循以下设计原则。

1. 简洁明了：避免过多的视觉元素，确保界面清晰易读。

2. 突出重点：将重要的功能和内容放在显眼的位置，便于用户快速找到所需信息。

3. 个性化与定制：允许用户根据个人喜好进行个性化设置，提高用户体验。

4. 响应式设计：确保界面在不同设备上都能正常显示，提供一致的视觉体验。

二、界面布局与功能模块

1. 顶部导航栏：放置网站的品牌标志、搜索框、用户登录、注册入口等。

2. 主内容区：用于展示音乐播放列表、推荐歌曲、热门专辑等主要内容。

3. 侧边栏：包含音乐分类、艺人信息、活动资讯等辅助信息。

4. 底部信息栏：显示网站版权信息、联系方式、社交媒体链接等。

三、色彩与字体设计

1. 主色调：以深蓝色和黑色为主，营造专业、高品质的氛围。

2. 辅助色彩：使用金色、银色等亮色调作为点缀，提升界面的质感。

3. 字体选择：使用清晰易读的字体，确保文字内容在各种设备上都能清晰显示。

根据以上信息我们就可以提炼出一些自己想要的设计关键词。

设计主体：音乐网站界面设计。

主题元素：音乐网站界面，导航栏，搜索栏，音乐播放列表，用户体验。

色调：深蓝色，黑色。

**第二步：确定最终设计效果**

根据提炼的设计关键词生成一些创意视觉方案，并反复进行尝试，直到生成自己想要的方案为止，如图8-12所示。

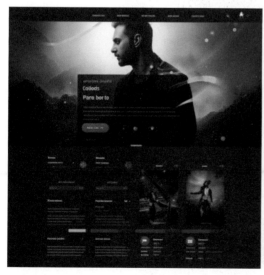

图8-12　最终效果图

提示：music website design，UI design，music website main page，dark blue and black，navigation bar，search bar，music listings，user experience，8K。

翻译：音乐网站设计，UI设计，音乐网站主页面，深蓝色和黑色，导航栏，搜索栏，音乐列表，用户体验，8K。

### 8.1.4　总结及展望

AI绘画结合网站设计具有以下优势。

◎ 提升用户体验：AI绘画技术可以生成更加逼真、多样化的图片，根据用户的需求创造出不同的图片，提高网站内容的丰富性和多样性。同时，AI绘画还可以完成一些复杂的设计任务，提高设计师的工作效率，让设计师更加专注于创造性的设计，改变设计行业的发展方向。

◎ 可以提供个性化推荐：AI绘画可以根据用户的浏览历史和兴趣，提供个性化的图片推荐，提高用户的满意度和留存率。

◎ 增强互动性：AI绘画可以用于自动生成游戏中的人物、场景、道具等图像素材，影视制作中的特效和CGI（计算机生成图像），广告设计中的各种广告图像，以及室内设计中的图像等。这不仅可以提高制作效率，还能增强互动性和趣味性。

随着AI绘画技术的不断发展，AI绘画将更加智能化，能够更好地理解用户需求，提供更加精准的推荐和服务。此外，AI绘画可以为网站设计带来新的商业模式，如基于AI绘画技术的个性化定制服务、在线教育等，为网站带来更多的商业机会。

## 8.2　App界面设计

App界面设计是指针对手机应用或平板电脑等移动设备的软件界面进行设计，以优化软件的人机交互，提升操作逻辑，增强界面的美感。好的App界面设计可以提高用户对软件的好感度。

AI绘画在App界面设计中的作用体现在以下几个方面。

◎ 快速生成设计草图：利用AI绘画工具，可以快速生成设计草图，方便进行快速的原型设计和测试。这些设计草图还可以在开发团队中共享，以便成员更好地进行沟通和协作。

◎ 制作符号和图标：AI绘画可以用于制作各种符号和图标，从而增加界面的专业性和个性化色彩。

◎ 实现复杂的视觉效果：AI绘画可以轻松实现一些复杂的视觉效果，如渐变、阴影、透视等。这些效果可以增强界面的吸引力和质感，提升用户的体验感。

◎ 创建独特的颜色方案：AI绘画可以通过色彩理论和分析，创建独特的颜色方案，以符合品牌形象或满足特定的设计需求。这些颜色方案可以使界面更加协调、舒适和吸引人。

◎ 实现动态交互效果：AI绘画结合智能算法，可以实现一些动态交互效果，如动画、视差滚动等。这些效果可以增强界面的互动性和趣味性，提高用户的参与度和留存率。

◎ 优化小屏幕设计：移动设备的屏幕尺寸相对较小，而利用AI绘画技术可以将界面的元素和信息进行优化和精简，以提高界面的可读性和易用性。

## 8.2.1 AI App 界面设计通用魔法公式

**通用魔法公式：App 设计 + 行业主题 + 界面元素 + 辅助提示**

核心提示：界面设计（App interface design）。

辅助提示：苹果设计奖（Apple Design Award），屏幕截图（screenshot），高分辨率（high resolution），干净的界面（clean interface），平铺（tiling），多模块（multi-module）。

## 8.2.2 AI App 界面设计效果展示

### 1. 食品类 App 界面设计

食品类 App 的核心是展示各种美食图片，因此界面设计需要注重图片的展示效果。图片应该清晰、美观，能够吸引用户的眼球。同时，可以提供多种分类和搜索方式，方便用户快速找到自己想要的美食。除了图片展示外，食品类 App 还需要提供详细的菜品介绍和推荐功能。用户可以通过查看菜品介绍了解菜品的口感、做法等信息，同时也可以根据推荐榜单选择热门菜品进行尝试，如图8-13所示。

图8-13 食品类 App 界面

提示：food App interface design, mobile UI interface design, user experience, food information presentation, mobile application interface design, layout, functionality, page structure, Chinese cuisine, Western cuisine, desserts, colors, visual effects, navigation bar, search function, food details, food images, recipes, user reviews, online ordering, sharing, user-friendliness, practicality, 8K。

翻译：食品类 App 界面设计，手机 UI 界面设计，用户体验，美食信息呈现，移动应用界面设计，布局，功能，页面结构，中餐，西餐，甜品，色彩，视觉效果，导航栏，搜索功能，食物详细资料，食物图片，食谱，用户评论，在线点餐，分享，用户友好性，实用性，8K。

## 2. 社交类App界面设计

社交类App通常采用简洁直观的界面设计，避免烦琐和混乱。清晰的布局、简约的图标和易于理解的导航路径，都有助于用户更轻松地使用App。社交类App的核心是社交功能，因此界面设计需要突出社交功能，方便用户进行互动和交流。例如，可以提供消息通知、聊天窗口、动态更新等功能，让用户能够随时随地与朋友保持联系，如图8-14所示。

图8-14  社交类App界面

提示：social App interface design, mobile UI interface design, user experience, social information presentation, mobile application interface design, layout, functionality, page structure, chatting, sharing, colors, visual effect, navigation bar, search function, user profile, basic information, interests, social activities, private messaging, liking, user-friendliness, practicality, 8K。

翻译：社交类App界面设计，移动UI界面设计，用户体验，社交信息呈现，移动应用界面设计，布局，功能，页面结构，聊天，分享，色彩，视觉效果，导航栏，搜索功能，用户简介，基础信息，兴趣，社交活动，私信，点赞，用户友好性，实用性，8K。

## 3. 阅读类App界面设计

阅读类App界面设计需要注重清晰易读的字体排版、简洁明了的页面布局、适应不同设备的屏幕尺寸、个性化的主题和背景以及交互性和可操作性等方面，以提供良好的用户体验和满足用户的需求，如图8-15所示。

提示：reading App interface design, mobile UI interface design, user experience, reading content presentation, mobile application interface design, layout, functionality, page structure, news, novels, magazines, colors, visual effects, navigation bar, search function, article details, title, author, abstract, body, bookmarks, font adjustment, user-friendliness, practicality, 8K。

翻译：阅读类App界面设计，移动UI界面设计，用户体验，阅读内容呈现，移动应用界面设计，布局，功能，页面结构，新闻，小说，杂志，色彩，视觉效果，导航栏，搜索功能，文章详细资料，标题，作者，摘要，正文，书签，字体调整，用户友好性，实用性，8K。

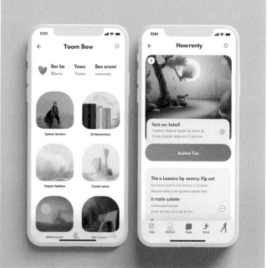

图8-15　阅读类App界面

### 4. 天气类App界面设计

天气类App的界面设计需要直观易懂，让用户能够快速获取所需的信息。同时，操作流程需要简单明了，方便用户快速完成操作，并能够提供实时的天气信息，包括温度、湿度、风力、气压等数据，如图8-16所示。

图8-16　天气类App界面

提示：weather App interface design, mobile UI interface design, user experience, weather information presentation, mobile application interface design, layout, functionality, page structure, weather forecast, weather query, colors, visual effects, navigation bar, search function, daily weather details, temperature, humidity, wind speed, lifestyle index, weather alerts, user-friendliness, practicality, 8K。

翻译：天气类App界面设计，移动UI界面设计，用户体验，天气信息呈现，移动应用界面设计，布局，功能，页面结构，天气预报，天气查询，色彩，视觉效果，导航栏，搜索功能，每日天气详细资料，温度，湿度，风速，生活方式指数，天气警报，用户友好性，实用性，8K。

### 5. 电商类App界面设计

电商类App界面设计注重清晰简洁的布局、突出的商品展示、便捷的购物流程、个性化推荐及响应式设计等方面，以提供更好的用户体验和满足用户的需求，如图8-17所示。

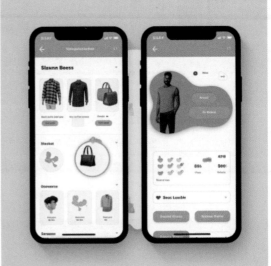

图8-17　电商类App界面

提示：e-commerce App interface design, mobile UI interface design, user experience, product presentation, mobile application interface design, layout, functionality, page structure, clothing, home decoration, electronic product, colors, visual effects, navigation bar, search function, product details, product images, prices, descriptions, user reviews, shopping cart, payment, user-friendliness, practicality, 8K。

翻译：电商类App界面设计，移动UI界面设计，用户体验，产品展示，移动应用界面设计，布局，功能，页面结构，服装，家居装饰，电子产品，色彩，视觉效果，导航栏，搜索功能，产品详细资料，产品图片，价格，描述，用户评论，购物车，付款，用户友好性，实用性，8K。

### 6. 新闻类App界面设计

新闻类App界面设计需要提供大量的新闻信息，因此界面设计需要注重信息的分类和布局，从而让用户快速找到自己感兴趣的新闻内容，如图8-18所示。

图 8-18　新闻类 App 界面

提示：news App interface design, mobile UI interface design, user experience, news information presentation, mobile application interface design, layout, functionality, page structure, domestic, international, finance, colors, visual effects, navigation bar, search function, news detail, news titles, authors, summaries, articles, comments, sharing, user-friendliness, practicality, 8K。

翻译：新闻类 App 界面设计，移动 UI 界面设计，用户体验，新闻信息呈现，移动应用界面设计，布局，功能，页面结构，国内，国际，财经，色彩，视觉效果，导航栏，搜索功能，新闻详情，新闻标题，作者，摘要，文章，评论，分享，用户友好性，实用性，8K。

### 7. 旅游类 App 界面设计

旅游类 App 界面设计需要提供直观易用的交互设计，让用户能够轻松地完成各种操作。例如，通过简单地点击或滑动，让用户浏览不同的旅游景点，选择适合自己的旅游路线，查看详细的旅游指南等。另外，它还需要提供丰富多样的内容展示，包括景点介绍、酒店预订、机票购买、导游服务等，如图8-19所示。

图 8-19　旅游类 App 界面

提示：travel App interface design, mobile UI interface design, user experience, travel information presentation, mobile application interface design, layout, functionality, page structure, attraction introduction, hotel reservations, transportation navigation, colors, visual effects, navigation bar, search function, attraction details, attraction images, descriptions, review, map navigation, trip planning, user-friendliness, practicality, 8K。

翻译：旅游类App界面设计，移动UI界面设计，用户体验，旅游信息呈现，移动应用界面设计，布局，功能，页面结构，景点介绍，酒店预订，交通导航，色彩，视觉效果，导航栏，搜索功能，景点详细资料，景点图片，描述，评论，地图导航，行程规划，用户友好性，实用性，8K。

### 8. 智能家居类App界面设计

智能家居类App的界面设计需要简洁直观，提供设备控制和场景设置功能，让用户能够通过手机或其他智能设备远程控制家中的各种智能设备，如灯光、空调、电视等。同时，它也需要提供场景设置功能，让用户能够根据不同的需求和场景，自定义设备的联动和自动化操作，如图8-20所示。

图8-20　智能家居类App界面

提示：smart home App interface design, mobile UI interface design, user experience, control of smart devices, mobile application interface design, layout, functionality, page structure, lighting, temperature, security, colors, visual effects, navigation bar, search function, smart scene settings, wake-up mode, away mode, user-friendliness, practicality, 8K。

翻译：智能家居类App界面设计，移动UI界面设计，用户体验，智能设备控制，移动应用界面设计，布局，功能，页面结构，灯光，温度，安全，色彩，视觉效果，导航栏，搜索功能，智能场景设置，唤醒模式，离开模式，用户友好性，实用性，8K。

## 8.2.3 垃圾分类 App 设计案例

### 第一步：需求分析

设计需求：为垃圾分类App设计一组界面。

前期可以通过类似ChatGPT的工具来生成设计方案，下面以文心一言为例进行展示。

---

我 提问：我要设计一个专业的垃圾分类App界面，请给出一个专业的设计方案。

---

好的。以下是我为您生成的一个专业的垃圾分类App界面设计方案。

一、设计概述

本方案旨在为垃圾分类App设计一套专业、直观且用户友好的界面。设计原则包括简洁明了、易于操作、信息层次清晰、符合用户习惯。通过优化界面设计，我们希望提高用户体验，促进垃圾分类的普及和推广。

二、界面布局与功能模块

1. 启动页：展示App的品牌标识、加载动画和简短的欢迎语，为用户提供良好的第一印象。

2. 首页：展示用户所在地区的垃圾分类政策、新闻动态和常见问题解答等信息，帮助用户了解垃圾分类的重要性和相关知识。

3. 分类指南：提供详细的垃圾分类指南，包括各类垃圾的定义、分类方法和示例图片。用户可以通过搜索或浏览的方式查找相关信息。

4. 扫码识别：允许用户通过扫描垃圾上的二维码，快速识别垃圾类别并获取相应的处理建议。

5. 个人中心：展示用户的个人信息、积分记录、分类统计等，鼓励用户积极参与垃圾分类并享受相应的奖励。

6. 设置：允许用户自定义App的主题、字体大小、推送通知等设置，提高用户体验。

三、色彩与字体设计

1. 主色调：以绿色为主色调，代表环保、生态和可持续发展，与垃圾分类的主题相契合。

2. 辅助色彩：搭配白色、浅灰色等中性色，使界面更加清新、简洁。

3. 字体选择：选用清晰易读的字体，确保用户在各种设备上都能轻松阅读文本内容。

四、交互设计

1. 导航设计：采用底部导航栏，方便用户在不同页面间快速切换。同时，在页面顶部提供面包屑导航，帮助用户了解其当前所在位置。

2. 按钮与图标设计：使用直观且易于理解的图标和按钮，降低用户的学习成本。对于重要操作，使用明显的视觉元素进行突出显示。

3. 动画与过渡效果：在页面切换、元素加载等场景中，使用流畅的动画和过渡效果，提高用户体验的连贯性和愉悦度。

4. 反馈与提示：在用户进行操作时，提供即时的反馈和提示信息，帮助用户确认操作结果并引导用户进行下一步操作。

根据以上信息我们就可以提炼出一些自己想要的设计关键词。

设计主体：垃圾分类App界面。

主题元素：垃圾分类App，主界面，移动端UI设计，垃圾分类指南，导航栏，功能按钮，个人中心，用户体验。

色调：绿色，白色。

### 第二步：确定最终设计效果

**1** Midjourney生成效果。此环节需根据提炼的设计关键词生成一些创意视觉方案，并反复进行尝试，直到生成自己想要的方案为止，如图8-21所示。

图8-21 Midjourney效果图

提示：garbage classification App, main interface design, mobile UI design, interface main color is green and white, garbage classification guide, navigation bar, function buttons, personal center, user experience, 8K。

翻译：垃圾分类 App，主界面设计，移动端 UI 设计，界面主色调为绿色和白色，垃圾分类指南，导航栏，功能按钮，个人中心，用户体验，8K。

**2** "即时AI"生成效果。此环节是指根据提炼的主题在即时AI中生成相应的效果，并且修改对应的组件内容，如图8-22所示。

图8-22 即时AI效果图

### 8.2.4　总结及展望

在未来，AI绘画与App界面设计的结合将会有更多的发展和创新。

◎ 智能化水平提升：随着AI技术的不断发展，未来的AI绘画将更加精准地理解设计师的需求和意图，并自动生成符合要求的设计方案。

◎ 多模态交互：未来的AI绘画将不仅仅局限于视觉表现，还将与语音、手势等多模态交互方式结合，提供更加自然、直观的设计体验。

◎ 实时渲染与优化：未来的AI绘画将实现实时渲染与优化功能，让设计师在设计过程中即时看到最终效果，并根据反馈进行调整和优化。

◎ 跨平台应用：未来的AI绘画将实现跨平台应用，不仅可以在手机、电脑等设备上使用，还可以应用于虚拟现实、增强现实等新兴领域，为用户提供更加沉浸式的设计体验。

## 8.3　结束语

AI绘画在Web端和移动端的应用具有非常广阔的前景。

Web端的应用前景涉及以下几个方面。

◎ 个人和专业艺术创作：AI绘画工具可以帮助用户在Web端进行个人和专业艺术创作。用户可以通过上传自己的图片或选择预设风格，生成符合自己审美和需求的艺术作品。

◎ 在线教育：AI绘画工具可以用于在线教育领域，帮助学生和教师进行艺术创作和教学。例如，可以教授学生如何使用AI绘画工具进行创作，或者辅助教师进行教学设计和评估。

◎ 虚拟现实和增强现实：AI绘画工具可以用于虚拟现实和增强现实应用中，为用户提供更加丰富和真实的视觉体验。例如，在虚拟现实游戏中，可以使用AI绘画工具来生成逼真的场景和角色；在增强现实中，可以使用AI绘画工具来增强现实场景的视觉效果。

移动端的应用前景涉及以下几个方面。

◎ 艺术创作：AI绘画工具可以在移动设备上运行，使用户随时随地进行艺术创作。这种应用方式将使艺术创作更加便捷和灵活。

◎ 社交媒体分享：移动端的AI绘画工具可以与社交媒体平台结合，使用户轻松地将自己的作品分享到社交媒体上，与朋友和家人分享。

◎ 移动游戏开发：AI绘画工具可以用于移动游戏开发中，为游戏提供更加丰富和逼真的视觉效果。例如，可以使用AI绘画工具来生成游戏中的场景、角色和道具等。

第9章

AI绘画在游戏
领域的应用

本 章 导 读

　　游戏设计或游戏策划是一个精心构思游戏内容和规则的过程，优秀的游戏设计能激发玩家的通关热情与
探索欲望。

　　AI 绘画技术在游戏设计中的应用广泛且深入，主要体现在以下几个方面。

　　◎ 游戏场景生成：AI 绘图技术能够辅助游戏开发者高效生成高质量、多样化的游戏场景。在游戏设计中，
通过使用 AI 绘图技术，开发者可以更快地生成各种复杂的游戏场景，从而提高开发效率并降低制作成本。

　　◎ 角色设计：AI 绘图技术可以自动生成形态各异、色彩丰富、风格多样的游戏角色，为游戏世界增添
无限创意与活力。

　　◎ 特效生成：AI 绘图技术可以生成各种特效，使游戏更加生动。

　　◎ 场景优化：AI 绘图技术还可以帮助游戏开发者优化游戏场景，包括提升场景的视觉效果，降低场景
的复杂度等，旨在为玩家提供更加流畅、舒适的游戏体验。

　　需要注意的是，AI 绘画技术并不是万能的，其应用效果受到数据集、模型选择和参数设置等因素的影响，
有时也可能会出现生成效果不理想的情况。因此，在应用 AI 绘画技术时，需要结合实际的游戏设计需求进行
灵活选择和调整，以达到最佳的应用效果。

# 9.1　游戏角色设计

　　游戏角色设计是游戏开发中不可或缺的一环，它涉及根据游戏的主题和玩法来创造和设计游戏中的角色。
这包括确定角色的类型、外观、性格、技能，以及角色在游戏中的行为模式和与其他角色或环境的互动方式。

　　好的角色设计能够显著提升玩家的代入感，使他们更容易沉浸在游戏世界中，并增强游戏的趣味性和
可玩性。为了达到这一目的，设计者在开始角色设计之前，必须深入了解游戏的主题和玩法，明确游戏中
需要哪些类型的角色。

## 9.1.1　AI 游戏角色设计通用魔法公式

**通用魔法公式：游戏风格 ＋ 游戏角色设计 ＋ 角色描述 ＋ 辅助提示**

　　核心提示：游戏角色设计（game character design）。

　　辅助提示：二次元风格（Two-dimensional style），科幻风格（sci-fi style），魔幻现实主义
风格（magic realistic style），卡通风格（cartoon style），质感强烈（strong texture），色彩鲜艳
（vibrant colors），神奇和超自然的元素（magical and supernatural elements），白色背景（white
background），简单干净（simple and clean），OC 渲染器（OC renderer），C4D 渲染（Cinema 4D
rendering），三维渲染（3D rendering），超精细的（super detail）。

## 9.1.2　AI 游戏角色设计效果展示

### 1．二次元风格游戏角色设计

　　二次元风格游戏角色设计的特点体现在对角色外观、声音、世界观和剧情的详细设定和描绘，以及色
彩运用、萌属性、构图形式等方面，如图 9-1 所示。

图9-1 二次元风格游戏角色

提示：full body, two-dimensional style, game character design, girl, cuteness, attention to detail, bright colors, unique shapes, big eyes, small mouths, slender body proportions, fashionable, personalized, expression, movements, exaggerated, fun, charm, relaxed, enjoyable, 8K, --niji 5, --s 180。

翻译：全身，二次元风格，游戏角色设计，女孩，可爱，注重细节，色彩鲜艳，造型独特，大眼睛，小嘴巴，修长的身体比例，时尚，个性，表情，动作，夸张，有趣，魅力，轻松，愉快，8K，--niji 5，--s 180。

### 2. 魔幻现实主义风格游戏角色设计

魔幻现实主义风格游戏角色设计通常结合魔幻与现实元素，注重角色的个性塑造和情感表达，呈现出独特而富有吸引力的视觉效果，如图9-2所示。

提示：full body, magical realism style, game character design, details, fantasy, mystery, elaborate costumes, accessories, noble, mysterious identity, facial features, personality, emotions, magical elements, magic staffs, runes, magical world, authenticity, charm, imagination, 8K。

翻译：全身，魔幻现实主义风格，游戏角色设计，细节，奇幻，神秘，精致服装，配饰，高贵，神秘身份，面部特征，性格，情感，魔法元素，魔法杖，符文，魔法世界，真实性，魅力，想象力，8K。

图9-2　魔幻现实主义风格游戏角色

### 3. 中国武侠3D卡通游戏角色设计

中国武侠3D卡通游戏角色设计注重角色的个性塑造，通过角色的外貌、服饰、武器等元素，展现出角色的性格特点、技能特长等。它通常会在设计中融入一些传统文化元素，如书法、绘画、剪纸等，从而赋予角色中国风韵味，如图9-3所示。

图9-3　中国武侠3D卡通游戏角色

提示：full body, Chinese martial 3D cartoon style, game character design, dynamic, fun, traditional martial arts costumes, exaggerated body proportions, full facial features, iconic weapons, adventure, unique charm, 8K, --ar 3:4。

翻译：全身，中国武侠3D卡通风格，游戏角色设计，动感，趣味，传统武术服装，夸张的身体比例，五官饱满，标志性武器，冒险，独特的魅力，8K，--ar 3:4。

### 4. 现实主义军事风格游戏角色设计

现实主义军事风格游戏角色设计通常追求高度的现实感，并参考历史、现代军事装备和制服以及战争中的士兵形象。角色设计非常注重装备和武器的细节呈现，包括各种枪械、弹药、防弹衣、头盔等。在色彩运用上，现实主义军事风格的游戏角色设计往往采用较为沉稳的色调，如军绿、灰色、黑色等，以营造战争的沉重氛围，如图9-4所示。

图9-4　现实主义军事风格游戏角色

提示：full body, war military realism style, game character design, realistic and lifelike, details, military uniforms, professional identity, facial features, determination, courage, military equipment, weapons, cruelty, tension, real military experience, 8K, --ar 3:4。

翻译：全身，现实主义军事风格，游戏角色设计，写实逼真，细节，军装，职业身份，面部特征，决心，勇气，军事装备，武器，残酷，紧张，真实的军事体验，8K，--ar 3:4。

### 5. 欧美3D卡通风格游戏角色设计

欧美3D卡通风格游戏角色设计通常具有独特的视觉特征，其线条清晰、造型独特、色彩鲜艳，塑造的卡通形象生动、活泼、有趣，如图9-5所示。

图9-5　欧美3D卡通风格游戏角色

提示：full body, European and American 3D cartoon style, game character design, exaggeration, humor, fun, vibrant, big eyes, big head, small body, cute, comical, fashionable, personalized, unique hats, funny props, iconic features, joy, creativity, relaxed, enjoyable, 8K, --ar 3:4。

翻译：全身，欧美3D卡通风格，游戏角色设计，夸张，幽默，有趣，充满活力的，大眼睛，大头，小身材，可爱的，滑稽，时尚的，个性，独特的帽子，搞笑的道具，标志性的特征，欢乐，创造力，轻松，愉快，8K，--ar 3:4。

### 6. 日式卡通手绘风格游戏角色设计

日式卡通手绘风格游戏角色设计的造型通常比较圆润，没有过多的棱角和尖锐的边缘，给人一种柔和、可爱的感觉。它通常会采用夸张的表情和动作，以突出角色的个性和情感，增强角色的表现力和感染力，如图9-6所示。

提示：full body, Japanese cartoon hand-drawn style, game character design, simplification, cuteness, big eyes, round face, small body, fashionable, expressions, movements, exaggerated, fun, charm, relaxed, enjoyable, 8K, --ar 3:4, --niji 5, --s 180。

翻译：全身，日本卡通手绘风格，游戏角色设计，简约，可爱，大眼睛，圆脸，小身材，时尚的，表情，动作，夸张的，有趣的，魅力，轻松，愉快，8K，--ar 3:4，--niji 5，--s 180。

图9-6　日式卡通手绘风格游戏角色

### 7. 科幻卡通风格游戏角色设计

科幻卡通风格游戏角色设计通常具有强烈的未来科技感，如使用先进的装备，穿着特殊的服装，拥有特殊的能力等。这些元素不仅增加了角色的科幻感，也突出了角色所处的时代背景。角色设计通常还具有简洁而流畅的线条，去除了不必要的细节，使得角色更易于辨识，如图9-7所示。

图9-7　科幻卡通风格游戏角色

提示：full body, sci-fi cartoon style, game character design, futuristic technology, humor, imagination, fun, exaggerated body proportions, full facial features, cute, fashionable, avant-garde, high-tech equipment, sci-fi props, special abilities, fantasy, innovation, relaxed, enjoyable, 8K, --ar 3:4。

翻译：全身，科幻卡通风格，游戏角色设计，未来科技，幽默，想象力，趣味，夸张的身体比例，五官饱满，可爱的，时尚的，前卫的，高科技装备，科幻道具，特殊能力，幻想，创新，轻松，愉快，8K，--ar 3:4。

#### 8. 复古像素风格游戏角色设计

复古像素风格游戏角色设计通常采用像素化的图像处理方式，通过使用小的正方形色块来组合成角色、场景、物品等视觉元素，给人一种复古、怀旧的感觉。角色设计通常包含一些复古元素，如复古服装、发型、配饰等，这些元素能够唤起人们对过去时代的记忆和情感共鸣，如图9-8所示。

图9-8 复古像素风格游戏角色

提示：full body, retro 8-bit pixel style, game character design, nostalgia, retro feel, blocks, limited colors, minimalist beauty, classic game outfits, 16-bit games, movements, expressions, recognizability, uniqueness, enjoyable, 8K, --ar 3:4。

翻译：全身，复古8位像素风格，游戏角色设计，怀旧，复古感，方块，限定色，简约美，经典游戏服装，16位游戏，动作，表情，可识别性，独特，愉快，8K，--ar 3:4。

### 9.1.3 三消游戏主角设计案例

#### 第一步：需求分析

设计需求：为欧美农场主题的三消游戏设计一个主角。

前期可以通过类似ChatGPT的工具来生成设计方案，下面以文心一言为例进行展示。

> 我 提问一：我想为欧美农场主题的三消游戏设计一个主角，请提供一套专业的美术设计方案。

好的。以下是我为您生成的欧美农场主题的三消游戏主角设计方案。

**1. 角色名称**

该角色的名称为亚历山大。

**2. 角色描述**

亚历山大是一个中年男性，有棕色的短发和深邃的蓝眼睛。他身穿一件有些褪色的工装衬衫，搭配着一条沾满泥土的牛仔裤和一双结实的工人靴。他的手上经常沾满泥土和汗水，但他的眼神却充满了坚定和热情。

**3. 美术设计方案**

角色造型：亚历山大的造型应该体现出他的坚韧和实干精神。他的服装颜色以深棕色和浅蓝色为主。他简洁利落的发型，凸显了他的职业气质。

表情和动作：在游戏中，亚历山大的表情应该多样化，体现出他的喜悦、困惑、决心等情绪。他的动作应该真实自然，符合他在农场工作和生活的特点。

场景和道具：游戏中的场景应该以欧美农场为背景，包括田野、牧场、果园等；道具应该包括农具、农作物、家禽等，体现出农场的真实生活。

色彩搭配：游戏中的色彩应该以自然色为主，如棕色、绿色、蓝色等；同时，也可以使用一些鲜艳的颜色来增加游戏的趣味性，如红色、黄色等。

---

提问二：我想为农场主亚历山大的宠物设计一个形象，请提供一套美术设计方案。

---

好的。

**1. 宠物名称**

该宠物的名称为小棕。

**2. 美术设计方案**

角色造型：小棕是一只可爱的棕色小狗狗，有着蓬松的毛发和圆溜溜的大眼睛；它的耳朵竖立着，显得非常机警；小棕的尾巴摇摇摆摆，非常可爱。

表情和动作：在游戏中，小棕的表情应该多样化，体现出它的喜悦、困惑、好奇等情绪；它的动作应该活泼可爱，符合它的性格特点。例如，当玩家消除某些农作物时，小棕会兴奋地跳起来，摇动尾巴。

根据以上信息我们就可以提炼出一些自己想要的设计关键词。

风格：欧美风格。

人物元素：中年男性，棕色短发，蓝色眼睛，工装衬衫，牛仔裤，工人靴。

宠物元素：小狗，棕色，蓬松的毛发，大眼睛，机灵，可爱。

色调：深棕色，浅蓝色。

### 第二步：确定最终设计效果

根据提炼的设计关键词生成一些创意视觉方案，并反复进行尝试，直到生成自己想要的方案为止，如图9-9和图9-10所示。

提示：full body, European and American 3D cartoon style, game character design, middle-aged man, short brown hair, blue eyes, work shirt, jeans, work boots, firm, enthusiastic, 8K.

翻译：全身，欧美3D卡通风格，游戏角色设计，中年男性，棕色短发，蓝眼睛，工作衫，牛仔裤，工作靴，坚定的，热情的，8K。

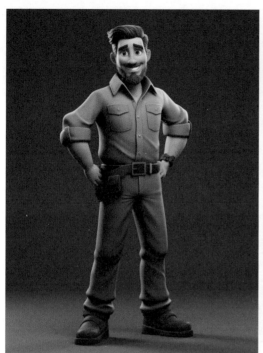

图9-9　人物最终效果图

图9-10　宠物最终效果图

提示：full body，European and American 3D cartoon style，puppy，brown，fluffy fur，big eyes，smart，cute，8K。

翻译：全身，欧美3D卡通风格，小狗，棕色的，蓬松的皮毛，大眼睛，聪明的，可爱的，8K。

### 9.1.4　总结及展望

AI绘画结合游戏角色设计的优势包括以下几个方面。

◎ 创新性设计：AI绘画能够深度挖掘并分析庞大的图像数据库，从中学习并生成新颖独特的创意。这种能力在游戏角色设计中尤为关键，能够为玩家带来前所未见的、充满创意的角色形象。

◎ 提升效率：AI绘画技术凭借其强大的自动化能力，能够迅速生成高质量的图像作品，极大地减少了设计师在烦琐精细的绘画过程中所需的时间投入，从而大幅提升了设计工作的效率。

◎ 增强艺术性：AI绘画技术可以学习各种艺术风格并将其融入游戏角色设计中，使角色更具艺术性和吸引力。

◎ 个性化定制：AI绘画可以轻松实现游戏角色的个性化定制，满足玩家的多样化需求。

未来，AI绘画技术可以与AR（增强现实）和VR（虚拟现实）技术相结合，为玩家提供更加沉浸式的游戏体验。AI绘画技术的快速发展可能会改变游戏制作流程，减少人工干预，使游戏更加智能化和高效化。同时，它还有助于探索新的艺术风格和表现形式，推动游戏设计的创新。

## 9.2　游戏场景设计

游戏场景设计是指游戏开发者在游戏中设计和实现的各种场景和环境。这些场景和环境不仅仅是游戏中的背景，还能够影响玩家的游戏体验。

游戏场景设计的目的是创造一个逼真的虚拟世界，让玩家沉浸在游戏中。这需要游戏开发者考虑很多方面的因素，如场景的布局、地形、天气、光线、音效等。

### 9.2.1　AI游戏场景设计通用魔法公式

**通用魔法公式：游戏风格 + 游戏场景设计 + 场景描述 + 辅助提示**

核心提示：游戏场景设计（game scene design）。

辅助提示：中国武侠3D卡通风格（Chinese martial 3D cartoon style），魔幻现实主义风格（magic realistic style），卡通风格（cartoon style），16位像素风格（16-bit pixel style），精致的建筑（elaborate architecture），色彩斑斓的植被（colorful vegetation），块状建筑（blocky buildings），逼真的光影（realistic lighting effects）。

### 9.2.2　AI游戏场景设计效果展示

**1. 二次元风格游戏场景设计**

二次元风格游戏场景设计的特点体现在光影效果突出、造型唯美、色彩鲜艳且时尚稳重、空间感和层次感丰富、注重细节和质感及强调整体氛围感等方面，如图9-11所示。

图9-11　二次元风格游戏场景

提示：two-dimensional style, game scene design, vibrant colors, rich details, fantasy, backgrounds, buildings, city streets, schools, forest, beaches, elaborate architecture, colorful vegetation, bustling crowds, whimsical decorations, fairytale-like magic, immersion, joy, creativity, 8K, --ar 4:3, --niji 5, --s 180。

翻译：二次元风格，游戏场景设计，鲜艳的色彩，丰富的细节，奇幻，背景，建筑物，城市街道，学校，森林，海滩，精致的建筑，色彩斑斓的植被，熙熙攘攘的人群，异想天开的装饰，童话般的魔法，沉浸感，欢乐，创造力，8K，--ar 4:3，--niji 5，--s 180。

### 2. 魔幻现实主义风格游戏场景设计

魔幻现实主义风格游戏场景设计通常带有一种神秘感，通过独特的色彩、光影和造型设计，创造出一种超现实、梦幻般的氛围，让玩家感受到一种神秘、奇幻的体验。其场景设计非常注重细节的刻画，无论是建筑、道具还是环境元素，都会进行精细的描绘，以增强场景的真实感和立体感。它通常也会融入一些特定的文化元素，如中世纪的欧洲、幻想世界等，以营造出一种独特的文化氛围和历史感，如图9-12所示。

图9-12　魔幻现实主义风格游戏场景

提示：magical realistic style, game scene design, fantasy, intricate, painting techniques, lighting effects, backgrounds, buildings, ancient castles, mystical forests, temples, elaborate decorations, intricate textures, vibrant colors, magic, mystery, immersion, secrets, surprises, 8K, --ar 4:3。

翻译：魔幻现实主义风格，游戏场景设计，奇幻，错综复杂的，绘画技法，光效，背景，建筑，古堡，神秘森林，寺庙，精心装饰，错综复杂的纹理，鲜艳的色彩，魔幻，神秘，沉浸感，秘密，惊喜，8K，--ar 4:3。

### 3. 中国武侠3D卡通游戏场景设计

中国武侠3D卡通游戏场景设计通常融入了丰富的中国元素，如古典建筑、山水风光、传统文化等，呈现出一种独特的中国风韵味。在场景设计中，既注重写实，展现出真实的武侠世界，又运用夸张的手法，突出武侠精神的英勇、豪迈。在色彩运用上它往往采用暖色调，如红色、黄色等，营造出一种热烈、激昂的氛围。同时，它也会运用一些冷色调，如蓝色、紫色等来形成对比，增强视觉冲击力，如图9-13所示。

图9-13　中国武侠3D卡通游戏场景

提示：Chinese martial 3D cartoon style, game scene design, painting techniques, colors, martial arts atmosphere, imagination, ancient courtyards, picturesque mountains and rivers, lakes, magnificent architecture, traditional patterns, colorful costumes, weapons, martial arts charm, vitality, heroism, adventure, 8K, --ar 4:3。

翻译：中国武侠3D卡通风格，游戏场景设计，绘画技法，色彩，武侠氛围，想象力，古老的庭院，如画的山河，湖泊，宏伟的建筑，传统图案，色彩缤纷的服饰，武器，武术魅力，活力，英雄主义，冒险，8K，--ar 4:3。

### 4. 现实主义军事风格游戏场景设计

现实主义军事风格游戏场景设计通常注重真实感，通过还原真实的战场环境、军事装备和战术策略，使玩家感受到战争的残酷和紧张。场景中通常包含各种军事元素，如坦克、装甲车、火炮、军舰、军事标志、地图等，营造出浓厚的军事氛围。在场景设计中，它注重细节的刻画，如军事装备的细节、军事建筑的构造等，如图9-14所示。

图9-14 现实主义军事风格游戏场景

提示：war military realism style, game scene design, intricate, painting techniques, backgrounds, buildings, battlefields, urban ruins, military bases, damaged buildings, abandoned vehicles, explosions, smoke effects, tension, challenges, 8K, --ar 4:3。

翻译：现实主义军事风格，游戏场景设计，错综复杂，绘画技法，背景，建筑，战场，城市废墟，军事基地，受损建筑，废弃车辆，爆炸，烟雾效果，紧张，挑战，8K，--ar 4:3。

### 5. 欧美3D卡通风格游戏场景设计

欧美3D卡通风格游戏场景设计通常采用鲜明、饱和的色彩，如亮丽的黄色、橙色和浅蓝色等，营造欢乐、轻松的氛围。同时，场景中的建筑、植被和人物等元素通常被夸大，呈现出夸张的形态，以增强视觉冲击力。它通常采用丰富的空间感、层次感、透视、景深等手段，表现出场景的深度和广度，使玩家感受到一种身临其境的体验，如图9-15所示。

图9-15 欧美3D卡通风格游戏场景

提示：European and American 3D cartoon style, game scene design, cartoons, bright, colorful, paintings, architecture, city streets, fantasy forests, mysterious caves, adorable characters, exaggerated props, funny movements, expressions, joy, vitality, 8K, --ar 4:3。

翻译：欧美3D卡通风格，游戏场景设计，卡通，鲜艳的，多彩的，绘画，建筑，城市街道，奇幻森林，神秘洞穴，可爱人物，夸张道具，搞笑动作，表情，欢乐，活力，8K，--ar 4:3。

### 6. 日式卡通手绘风格游戏场景设计

日式卡通手绘风格游戏场景设计通常使用鲜艳的色彩，对比强烈，给人一种明快、活泼的感觉。这种色彩运用方式能够吸引玩家的注意力，增强游戏的视觉冲击力。虽然日式卡通手绘风格游戏场景设计通常采用简洁的线条和造型，但是设计师非常注重细节和质感的处理。例如，对于场景中的物品、纹理等都会进行精细的刻画，以增强场景的真实感和立体感，如图9-16所示。

图9-16　日式卡通手绘风格游戏场景

提示：Japanese cartoon hand-drawn style, game scene design, soft and cute lines, warm colors, backgrounds, buildings, traditional gardens, temples, small towns, culture, aesthetics, adorable characters, traditional decorations, flowers, vegetation, cosy, joy, tranquility, 8K, --ar 4:3, --niji 5, --s 180。

翻译：日式卡通手绘风格，游戏场景设计，柔和可爱的线条，温暖的色彩，背景，建筑，传统园林，寺庙，小镇，文化，美学，可爱人物，传统装饰，花卉，植被，温馨的，欢乐，宁静，8K，--ar 4:3，--niji 5，--s 180。

### 7. 科幻卡通风格游戏场景设计

科幻卡通风格游戏场景设计通常具有强烈的未来科技感，通过使用先进的科技设备和建筑，展示未来世界的想象和创造力。同时，它还常常采用夸张与变形的表现手法，以突出角色的个性特征和情绪表达；并通常利用简洁而流畅的线条和造型，去除不必要的细节和修饰，使场景更易于识别，如图9-17所示。

提示：sci-fi cartoon style, game scene design, futuristic technology, exaggerated expressions, vibrant colors, unique architecture, futuristic cities, alien planets, spaceships, technology, sense of the future, quirky robots, high-tech equipment, shimmering lights, laser effects, vitality, excitement, spirit of adventure, 8K, --ar 4:3。

翻译：科幻卡通风格，游戏场景设计，未来科技，夸张表情，鲜艳的色彩，独特的建筑，未来城市，外星球，宇宙飞船，科技，未来感，古灵精怪的机器人，高科技设备，闪烁的灯光，激光效果，活力，兴奋，冒险精神，8K，--ar 4:3。

图9-17　科幻卡通风格游戏场景

### 8. 复古像素风格游戏场景设计

复古像素风格游戏场景设计通常使用低像素的图像处理方式，营造出一种复古、怀旧的感觉。这种设计方式通常会模仿早期电子游戏或计算机图像的表现形式，如8位或16位时代的电子游戏。其色彩通常比较单一，以低对比度的颜色为主，如灰色、蓝色等。同时，复古像素风格的游戏场景设计通常采用简单的图形和线条来构成场景中的各个元素，并融入一些复古元素和特定的文化背景。这些复古元素可以是早期的计算机硬件、游戏机等，也可以是特定的文化符号或标志，如图9-18所示。

图9-18　复古像素风格游戏场景

提示：retro 8-bit pixel style, game scene design, pixel art, nostalgia, memories, city streets, caves, forest, pixelated, classic game characters, blocky building, fun, challenges, 8K, --ar 4:3。

翻译：复古8位像素风格，游戏场景设计，像素艺术，怀旧，回忆，城市街道，洞穴，森林，像素化，经典游戏角色，块状建筑，乐趣，挑战，8K，--ar 4:3。

### 9.2.3 农场三消游戏场景设计案例

**第一步：需求分析**

设计需求：为欧美农场主题的三消游戏设计一个游戏场景。

前期可以通过类似ChatGPT的工具来生成设计方案，下面以文心一言为例进行展示。

> 我 提问：我想为欧美农场主题的三消游戏设计一个游戏场景，请提供一套美术设计方案。

好的。

一、游戏场景

1. 游戏的主场景设定在一个充满生机和活力的欧美农场中。农场被美丽的绿色田野和连绵起伏的山丘环绕。天空是清澈的蓝色，飘着朵朵洁白的云彩。太阳高照，洒下温暖的光芒，营造出宁静而舒适的氛围。

2. 农场中有一幢宽敞的白色农舍，屋顶上铺着金黄色的瓦片，显得庄重而典雅。农舍四周种植着各种各样的植物，如金黄的麦田、翠绿的蔬菜和五彩斑斓的花卉。这些植物随着季节的变化呈现出不同的生长状态，为游戏增添了丰富的视觉效果。

3. 在农场的空地上，放置着一台老式的木制风车和水车，为游戏增添了复古的欧美风情。此外，农场中还有鸡舍、牛棚、仓库等建筑，散落在田野之中，构成了丰富的场景元素。

4. 游戏中的消除目标被巧妙地设计成各种农作物和动物，如玉米、小麦、南瓜、苹果、牛、羊等。这些元素在消除时会产生炫目的动画效果，如爆炸、生长、旋转等，使游戏更具趣味性。

二、美术设计方案

游戏采用温馨舒适的欧美田园风格，色彩以绿色、棕色、黄色等自然色调为主，营造出宁静、和谐的视觉效果。

根据以上信息我们就可以提炼出一些自己想要的设计关键词。

风格：欧美风格。

主题元素：农场，农舍，农作物，蓝色的天空，白云。

色调：绿色，黄色，棕色。

**第二步：确定最终设计效果**

根据提炼的设计关键词生成一些创意视觉方案，并反复进行尝试，直到生成自己想要的方案为止，如图9-19和图9-20所示。

图9-19 午后最终效果图

提示：European and American 3D cartoon style，game scene design，farm，farmhouse，crops，blue sky，white clouds，8K。

翻译：欧美3D卡通风格，游戏场景设计，农场，农舍，农作物，蓝天，白云，8K。

图9-20  夕阳最终效果图

提示：European and American 3D cartoon style，game scene design，farmhouse，crop，sunset，warm atmosphere，8K。

翻译：欧美3D卡通风格，游戏场景设计，农舍，农作物，夕阳，温馨的氛围，8K。

### 9.2.4  总结及展望

AI绘画技术可以适应不同的游戏类型和风格，无论是从现实主义到抽象，还是从古代到未来，它都可以轻松应对，为游戏场景设计提供更多的可能性。

◎ 实时生成和调整：随着AI技术的不断发展，AI绘画将有可能实现根据玩家的行为和喜好实时生成和调整游戏场景，为玩家提供更加个性化的游戏体验。

◎ 融合多种技术：AI绘画技术可以与3D建模、物理模拟等多种技术融合，创造出更加真实、生动的游戏场景，提高游戏的沉浸感和真实感。

◎ 跨平台应用：随着移动设备的普及和云计算技术的发展，AI绘画技术将有可能实现跨平台应用，让玩家在不同的设备上都能体验到高质量的游戏场景。

## 9.3  游戏图标设计

游戏图标设计是指为游戏软件、网站、应用程序或其他互动媒体创建的小型图形标志。这些图标在呈现方式上注重简洁、醒目和有代表性，可以用来代表游戏或应用程序的品牌、名称、特色或功能。

游戏图标设计的目的是让用户快速识别游戏或应用程序，在视觉上吸引他们的注意力，并且传达游戏或应用程序的主要信息和特点。一个好的游戏图标应该简单易懂、易于记忆、与游戏或应用程序的主题和风格相符，并且与其他竞争对手的图标有区别。

## 9.3.1　AI 游戏图标设计通用魔法公式

**通用魔法公式：游戏风格 ＋ 游戏图标 ＋ 图标元素 ＋ 辅助提示**

核心提示：游戏图标（game icon）。

辅助提示：游戏道具图标（game prop icons），游戏资产（game assets），欧美3D卡通风格（European and American 3D cartoon style），日式卡通手绘风格（Japanese cartoon hand-drawn style），16像素风格（16-bit pixel style），色彩鲜艳（vibrant colors），精致的（exquisite），白色背景（white background），简单干净的（simple and clean），浅色（light color）。

## 9.3.2　AI 游戏图标设计效果展示

### 1．二次元风格游戏图标设计

二次元风格游戏图标通常使用鲜艳明亮的色彩，使游戏画面更加生动活泼。它还常常采用精美的绘画技巧来呈现精致的画面和细腻的线条，并且突出游戏的主题和故事背景，让玩家一目了然地了解游戏的内容和玩法，如图9-21所示。

图9-21　二次元风格游戏图标

提示：two-dimensional style，game icon design，Genshin style，spellbook，game icon，white background，vibrant colors，exquisite，8K，--ar 1:1，--niji 5，--s 180。

翻译：二次元风格，游戏图标设计，原神风格，魔法书，游戏图标，白色背景，鲜艳的色彩，精致的，8K，--ar 1:1，--niji 5，--s 180。

### 2．魔幻现实主义风格游戏图标设计

魔幻现实主义风格游戏图标注重细节的表现，让玩家仿佛置身于奇幻世界中。同时，图标中可能会使用魔法元素和特效，如闪光、魔法法阵等，以增强图标的神秘和幻想感，如图9-22所示。对应风格的游戏有《上古卷轴5：天际》（*The Elder Scrolls Ⅴ：Skyrim*），《黑暗之魂》（*Dark Souls*），《巫师3：狂猎》（*The Witcher 3：Wild Hunt*），《暗黑破坏神Ⅲ》（*Diablo Ⅲ*）等，如图9-22所示。

图9-22 魔幻现实主义风格游戏图标

提示：magic realistic style，game icon design，*Diablo III* style，game prop icon，glass medicine bottle，strong texture，oil painting texture，three-dimensional modeling，complicated design，Deviant Art，8K。

翻译：魔幻现实主义风格，游戏图标设计，《暗黑破坏神III》风格，游戏道具图标，玻璃药瓶，质感强，油画质感，三维建模，复杂设计，异常艺术，8K。

**3. 现实主义军事风格游戏图标设计**

现实主义军事风格的游戏图标设计强调真实感，通常会以现实中的军事装备、士兵形象、战场环境等为基础进行设计，使用硬朗的线条来表现军事装备的金属质感和士兵的坚毅形象，并且主要运用暗色调，如黑色、灰色等，如图9-23所示。

图9-23 现实主义军事风格游戏图标

提示：realistic style, game icon design, intricate depictions, military emblems, sense of power, sharp edges, determined expressions, heavy shadows, textures, composed, eye-catching, 8K。

翻译：现实主义风格，游戏图标设计，错综复杂的描绘，军事徽章，力量感，锋利的边缘，坚定的表情，浓重的阴影，纹理，沉稳的，引人注目的，8K。

### 4. 中国武侠风格游戏图标设计

中国武侠风格的游戏图标设计在色彩运用上通常采用较为饱和、对比度较高的颜色，如红色、黑色等，以营造出一种神秘、威严的氛围。同时，它还注重细节的刻画，如角色的服饰纹理、武器的细节等，以增强图标的真实感和立体感，如图9-24所示。

图9-24　中国武侠风格游戏图标

提示：Chinese martial 3D cartoon style, game icon design, double-edged sword, OC rendering, C4D, 3D rendering, super detail, best quality, eye-catching, 8K。

翻译：中国武侠3D卡通风格，游戏图标设计，双刃剑，OC渲染，C4D，3D渲染，超细节，最佳品质，引人注目的，8K。

### 5. 欧美3D卡通风格游戏图标设计

欧美3D卡通风格游戏图标设计在卡通化的基础上融入了较多的细节，使角色或场景更加立体和真实。图标中可能运用逼真的光影效果来增强图标的立体感和视觉效果，如图9-25所示。此类设计在手机游戏中比较常见。

提示：European and American 3D cartoon style, game icon design, purple treasure chest with gold rivets, isometric, glossy, soft fresh color, smooth, prototype, clean white background, soft focus, cartoon style, OC rendering, C4D, 3D rendering, super detail, best quality, --ar 1:1。

翻译：欧美3D卡通风格，游戏图标设计，金色铆钉的紫色宝箱，等距的，有光泽的，柔和清新的色彩，光滑的，原型，干净的白色背景，柔焦，卡通风格，OC渲染，C4D，3D渲染，超细节，最佳品质，--ar 1:1。

图9-25　欧美3D卡通风格游戏图标

### 6. 日式卡通手绘风格游戏图标设计

日式卡通手绘风格的游戏图标设计注重手绘质感的表现，通过笔触、色彩渲染等手法，营造出一种独特的手绘效果，给人一种亲切、温暖的感觉，如图9-26所示。

图9-26　日式卡通手绘风格游戏图标

提示：Japanese cartoon hand-drawn style，game icon design，cake，hand-drawn art，cute，soft colors，unique hand-drawn style，warmth，8K，--ar 1:1，--niji 5，--s 180。

翻译：日式卡通手绘风格，游戏图标设计，蛋糕，手绘艺术，可爱的，柔和的颜色，独特的手绘风格，温馨，8K，--ar 1:1，--niji 5，--s 180。

### 7. 科幻卡通风格游戏图标设计

科幻卡通风格游戏图标设计通常采用鲜艳明快的颜色，使图标更加吸引人，并增加游戏的辨识度。这类图标通常使用简约的线条和图形，但在细节方面会有一些独特的设计，如图9-27所示。

图9-27　科幻卡通风格游戏图标

提示：sci-fi cartoon style, game icon design, spaceship, futuristic technology, exaggerated cartoon elements, vibrant colors, unique shapes, imagination, fun, 8K, --ar 1:1。

翻译：科幻卡通风格，游戏图标设计，宇宙飞船，未来科技，夸张的卡通元素，鲜艳的色彩，独特的造型，想象力，乐趣，8K，--ar 1:1。

### 8. 复古像素风格游戏图标设计

复古像素风格游戏图标设计的特点之一是采用像素化的绘画技巧，将角色和元素绘制成由小方块（像素）组成的图像。同时，它还通常采用限制的色彩调色板，如8位或16位色彩，以模拟早期游戏主机的图像效果，如图9-28所示。

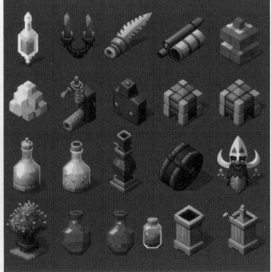

图9-28　复古像素风格游戏图标

提示：8-bit pixel art game assets，sprite sheet，vials，swords，shield，chests，spellbook，potion bottles，gems，scrolls，shops，isometric，top-down lighting，highly detailed，--v 4。

翻译：8位像素艺术游戏资产，精灵表，瓶子，剑，盾牌，箱子，法术书，药水瓶，宝石，卷轴，商店，等距的，自上而下的照明，高度详细的，--v 4。

## 9.3.3　三消游戏消除元素设计案例

### 第一步：需求分析

设计需求：为农场主题的三消游戏设计一套消除图标。

前期可以通过类似ChatGPT的工具来生成设计方案，下面以文心一言为例进行展示。

---

我　提问：帮我为农场主题的三消游戏设计一套消除图标。

---

好的。

一、消除图标设计

图标风格：为了体现农场主题，我们将采用卡通风格进行设计，并且使用丰富且活泼的色彩，以及简洁的线条和形状来吸引玩家的注意力。

图标内容：我们将设计一系列与农场主题相关的消除图标，包括农作物（如玉米、小麦、土豆、番茄、梨等）、动物（如牛、羊、鸡等）、农具（如犁、镰刀、锄头等）及农场建筑（如谷仓、风车、农舍等）。

图标尺寸：所有图标都将设计为统一的尺寸，以便在游戏界面上整齐排列。

图标色彩：我们将使用鲜艳的色彩以突出每个图标的特点，同时也使游戏的整体视觉效果更加生动活泼。

二、美术设计方案描述

游戏界面：游戏界面将采用温馨的田园风格，背景中可包含广阔的农田、蓝天白云和美丽的日落。界面的布局将清晰简洁，易于新手玩家上手。

---

根据以上信息我们就可以提炼出一些自己想要的设计关键词。

风格：欧美卡通风格。

主题元素：玉米，小麦，土豆，番茄，梨，牛，羊，鸡，简洁的形状。

色调：色彩丰富且活泼。

### 第二步：确定最终设计效果

**1** 生成图标元素。在此环节中，需要根据提炼的设计关键词生成一些创意视觉方案，并反复进行尝试，直到生成自己想要的方案为止，如图9-29和图9-30所示。

提示：European and American 3D cartoon style，game icon design，tomato props，pears，icon，game props，simple shape，warm，colorful，interesting，challenging，comfort，C4D，OC rendering，3D cartoon style，solid background，8K。

翻译：欧美3D卡通风格，游戏图标设计，番茄道具，梨，图标，游戏道具，简约的造型，温馨的，多彩的，有趣的，富有挑战性的，舒适，C4D，OC渲染，3D卡通风格，纯色背景，8K。

图9-29　番茄效果图

图9-30　梨效果图

提示：European and American 3D cartoon style, game icon design, pear props, icon, game props, simple shape, warm, colorful, interesting, challenging, comfort, C4D, OC rendering, 3D cartoon style, solid background, 8K。

翻译：欧美3D卡通风格，游戏图标设计，梨道具，图标，游戏道具，简约的造型，温馨的，多彩的，有趣的，富有挑战性的，舒适，C4D，OC渲染，3D卡通风格，纯色背景，8K。

**2** 将图标元素放入游戏界面中。在此环节中，需要将生成的图标在Photoshop中进行处理，再添加之前生成相应的人物和场景，制作成相应的界面元素，并且进行最终的排版设计，如图9-31所示。

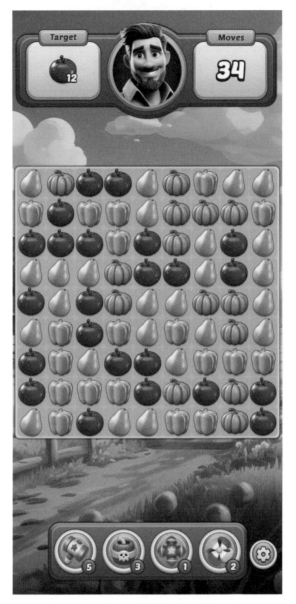

图9-31　游戏界面展示效果图

### 9.3.4　总结及展望

　　AI绘画工具能够快速生成图标设计，减少手动绘制的时间和成本，从而帮助设计师快速尝试不同外观和风格的图标，以寻找最合适的选择。在设计一整套游戏图标时，AI绘画可以确保图标之间的一致性。使用AI绘画工具设计游戏图标时，设计师需要在创意和技术之间找到平衡：既要充分发挥AI绘画工具的优势，也要运用自己的专业知识和判断力，以确保生成的图标符合设计要求，并为游戏增添独特且引人注目的视觉元素。

　　未来，AI绘画工具将在游戏图标设计领域扮演更重要的角色，它们将为设计师提供更多创意，为游戏图标带来更多个性化和令人惊喜的元素。

# 9.4 结束语

AI绘画在游戏领域的应用前景十分广阔，可实现以下功能。

◎ 自动化完成美术设计：AI绘画技术可以自动化完成游戏中的美术设计工作，包括角色设计、场景设计、道具设计等，从而大大提高游戏开发的效率，降低人工成本。

◎ 进行个性化定制：AI绘画技术可以根据玩家的喜好和需求，生成符合玩家审美和需求的个性化游戏美术资源，从而增强游戏的吸引力和可玩性。

◎ 进行实时渲染：AI绘画技术可以用于实时渲染游戏场景，提高游戏的视觉效果和流畅度。这对于高端游戏尤其重要，可以为玩家提供更加沉浸式的游戏体验。

◎ 用于增强现实与虚拟现实游戏：AI绘画技术可以用于增强现实和虚拟现实游戏中，生成更加逼真和生动的游戏场景和角色，从而为玩家提供更加丰富和真实的游戏体验。

第10章

AI 绘画的
展望与挑战

# 10.1 AI绘画的展望

◎ 个性化定制：随着技术的发展，AI绘画将越来越注重个性化定制。用户可以根据自己的喜好和需求，定制独特的艺术作品，让艺术更加贴近生活。

◎ 跨界融合：AI绘画有望与其他领域如音乐、影视、游戏等进行跨界融合，创造出更加丰富多样的艺术形式。

◎ 艺术教育普及：AI绘画有望在教育领域发挥重要作用，帮助更多人了解和学习艺术，提高全民的艺术素养。

# 10.2 AI绘画面临的挑战

◎ 创意局限性：虽然AI绘画能够生成独特的艺术作品，但其创意仍然受限于训练数据和算法。如何突破创意局限性，让AI绘画更具创新性，是一个亟待解决的问题。

◎ 版权问题：随着AI绘画作品的增多，版权问题也日益突出。如何合理界定AI绘画作品的版权归属，保护创作者的权益，是一个需要关注的问题。

◎ 艺术评价标准：AI绘画的发展对传统艺术评价标准提出了挑战。如何建立适用于AI绘画作品的艺术评价标准，既尊重传统艺术价值，又体现AI绘画的特点，是一个值得探讨的问题。

◎ 技术瓶颈：虽然AI绘画技术已经取得了显著进展，但仍存在一些技术瓶颈，如生成对抗网络的训练稳定性、模型泛化能力等。如何克服这些技术难题，进一步提高AI绘画作品的质量，是研究领域的重要挑战。

◎ 社会影响与伦理问题：随着AI绘画技术的广泛应用，可能会对社会产生一系列影响，如失业问题、审美观念改变等。同时，AI绘画技术也可能被用于不良目的，如生成虚假信息、侵犯他人隐私等。因此，如何在推动技术发展的同时，关注其社会影响与伦理问题，确保技术的合理应用，是AI绘画领域需要重视的问题。

# 10.3 结束语

AI绘画作为AI领域的一个分支，具有广阔的发展前景和巨大的潜力。然而，要实现AI绘画的可持续发展，不仅需要解决技术层面的挑战，还需要关注其社会影响与伦理问题。在未来的发展中，我们应该关注以下几个方面。

◎ 加强技术研发与创新：不断推动AI绘画技术的研发与创新，提高作品的质量和多样性。

◎ 完善法律法规：建立健全相关法律法规，明确AI绘画作品的版权归属和保护措施。

◎ 建立艺术评价标准：探讨并建立适用于AI绘画作品的艺术评价标准，促进艺术领域的健康发展。

◎ 关注社会影响与伦理问题：关注AI绘画技术的社会影响与伦理问题，确保技术的合理应用和发展。

通过以上努力，我们相信AI绘画领域将不断取得新的突破和成就，为人类艺术发展注入新的活力与创造力。